职业教育课程改革创新示范精品教材

冷菜工艺

主　编　牛京刚　王　辰
副主编　刘雪峰　向　军
参　编　李　寅　范春玥　史德杰
　　　　刘　龙　贾亚东　李　冬

北京理工大学出版社
BEIJING INSTITUTE OF TECHNOLOGY PRESS

版权专有　侵权必究

图书在版编目（CIP）数据

冷菜工艺 / 牛京刚, 王辰主编. -- 北京：北京理工大学出版社, 2021.11
ISBN 978-7-5763-0736-8

Ⅰ.①冷… Ⅱ.①牛…②王… Ⅲ.①凉菜－制作－职业高中－教材 Ⅳ.①TS972.114

中国版本图书馆CIP数据核字(2021)第248236号

出版发行 / 北京理工大学出版社有限责任公司
社　　址 / 北京市海淀区中关村南大街5号
邮　　编 / 100081
电　　话 / （010）68914775（总编室）
　　　　　（010）82562903（教材售后服务热线）
　　　　　（010）68944723（其他图书服务热线）
网　　址 / http://www.bitpress.com.cn
经　　销 / 全国各地新华书店
印　　刷 / 定州市新华印刷有限公司
开　　本 / 889毫米×1194毫米　1/16
印　　张 / 15.5　　　　　　　　　　　　　　　责任编辑 / 多海鹏
字　　数 / 316千字　　　　　　　　　　　　　　文案编辑 / 杜　枝
版　　次 / 2021年11月第1版　2021年11月第1次印刷　责任校对 / 刘亚男
定　　价 / 59.00元　　　　　　　　　　　　　　责任印制 / 边心超

图书出现印装质量问题，请拨打售后服务热线，本社负责调换

序

以就业为导向的职业教育,是一种跨越职业场和教学场的职业教育,是一种典型的跨界教育。跨界的职业教育,必然要有跨界的思考。职业教育课程作为人才培养的核心,其跨界特征,也决定了职业教育的课程,是一种跨界的课程。

课程开发必须解决两个问题:一是课程内容如何选择;二是课程内容如何排序。第一个问题很好理解,培养科学家、培养工程师、培养职业人才所要学习的课程内容是不同的;而第二个问题却是课程开发的关键所在。所谓课程内容的排序,指的是课程内容的结构化。其意为,当课程内容选择完毕,这些内容又如何结构化呢?知识只有在结构化的情况下才能传递,没有结构的知识是难以传递的。但是,长期以来,教育陷入了一个怪圈:以为课程内容只有一种排序方式,即依据学科体系的排序方式来组织课程内容,其所追求的是知识的范畴、结构、内容、方法、组织以及理论的历史发展。形象地说,这是在盖一个知识的仓库,所追求的是仓库里的每一层、每一格、每一个抽屉里放什么,所搭建的只是一个堆栈式的结构。然而,存储知识的目的在于应用。在一个人的职业生涯中,应用知识远比存储知识重要。因此,相对于存储知识的课程范式,一定存在着一个应用知识的课程范式。国际上把应用知识的教育称为行动导向的教育,把与之相应的应用知识的教学体系称为行动体系,也就是做事的体系,或者更通俗地、更确切地说,是工作的体系。这就意味着,除了存储知识的学科体系课程,还应该有一个应用知识的行动体系的课程。也就是说,存在一个基于行动体系的课程内容的排序方式。

基于行动体系课程的排序结构,就是工作过程。它所关注的是工作的对象、方式、内容、方法、组织以及工具的历史发展。按照工作过程排序的课程,是基于知识应用的课程,关注的是做事的过程、行动的过程。所以,教学过程或学习过程与工作过程的对接,已成为当今职业教育课程改革的共识。

但是,对实际的工作过程,若仅经过一次性的教学化的处理后就用于教学,很可能只是复制了一个具体的工作过程。这里，从复制一个学科知识的仓库到复制一个具体工作过程，尽管是向应用知识的实践转化，然而由于没有一个比较、迁移、内化的过程，学生很难获得可持续发展的能力。根据教育心理学"自迁移、近迁移和远迁移"的规律，以及中国哲学"三生万物"的思想，将实际的工作过程，按照职业成长规律和认知学习规律，予以三次以上的教学化处理，并演绎为三个以上的有逻辑关系的、用于教学的工作过程，强调通过比较学习的方式，实现迁移、内化，进而使学生学会思考，学会发现、分析和解决问题，掌握资讯、计划、决策、实施、检查、评价的完整的行动策略，将大大促进学生的可持续发展。所以，借助于具体工作过程——"小道"的学习及其方法的习得实践，去掌握思维的工作过程——"大道"的思维和方法论，将使学生能从容应对和处置未来和世界可能带来的新的工作。

近年来，随着教学改革的深入，我国的职业教育正是在遵循"行动导向"的教学原则，强调"为了行动而学习""通过行动来学习"和"行动就是学习"的教育理念的基础上、在学习和借鉴国内外职业教育课程改革成功经验的基础之上，有所创新，形成了"工作过程系统化的课程"开发理论和方法。现在这已为广大职业院校一线教师所认同、所实践。

烹饪专业是以手工技艺为主的专业，比较适合以形象思维见长、善于动手的职业教育学校学生。烹饪专业学生职业成长具有自身的独特规律，如何借鉴工作过程系统化课程理论及其开发方法，构建符合该专业特点的特色课程体系，是一个非常值得深入探究的课题。

令人欣喜的是，有着30年烹饪办学经验的北京劲松职业高中，作为我国职业教育领域中一所很有特色的学校，这些年来，在烹饪专业课程教学的改革领域，进行了全方位的改革与探索。学校通过组建由烹饪行业专家、职业教育课程专家和一线骨干教师构成的课程改革团队，在科学的调研和职业岗位分析的基础上，确立了对烹饪人才的技能、知识和素质方面的培训要求，并结合该专业的特点，构建了烹饪专业工作过程系统化的理论与实践一体化的课程体系。

基于我国教育的实际情况，北京劲松职业高中在课程开发的基础上，编写了一套烹饪专业的工作过程系统化系列教材。这套教材以就业为导向，着眼于学生综合职业能力的培养，以学生为主体，注重"做中学，做中教"，其探索执着，成果丰硕，而主要特色有以下几点：

1. 按照现代烹饪行业岗位群的能力要求，开发课程体系

该课程及其教材遵循工作过程导向的原则，按照现代烹饪岗位及岗位群的能力要求，确定典型工作任务，并在此基础上对实际的工作任务和内容进行教学化的处理、加工与转化，通过进一步的归纳和整合，开发出基于工作过程的课程体系，以使学生学会在真实的工作环境中，运用知识和岗位间协作配合的能力，为学生未来顺利适应工作环境和今后职业发展奠定坚实基础。

2. 按照工作过程系统化的课程开发方法，设置学习单元

该课程及其教材根据工作过程系统化课程开发的路线，以现代烹饪企业的厨房基于技法细化岗位内部分工的职业特点及职业活动规律，以真实的工作情境为背景，选取最具代表性的经典菜品、制品或原料作为任务、单元或案例性载体的设计依据，按照由易到难、由基础到综合的递进式逻辑顺序，构建了三个以上的学习单元（即"学习情境"），体现了学习内容序化的系统性。

3. 对接现代烹饪行业和企业的职业标准，确定评价标准

该课程及其教材针对现代烹饪行业的人才需求，融入现代烹饪企业岗位或岗位群的工作要求，对接行业和企业标准，培养学生的实际工作能力。在理实一体化的教学层面，以工作过程为主线，夯实学生的技能基础；在学习成果的评价层面，融入烹饪职业技能鉴定标准，强化练习与思考环节，通过专门设计的技能考级的理论与实操试题，全面检验学生的学习效果。

这套基于工作过程系统化的教材的编写和出版，是职业教育领域深入开展课程和教材改革的新成效的具体体现，是一个具有多年实践经验和教改成果的劲松职业高中的新贡献。我很荣幸将北京劲松职业高中开发的课程和编写的教材，介绍、推荐给读者。

我相信，北京劲松职业高中在课程开发中的有益探索，一定会使这套教材的出版得到读者的青睐，也一定会在职业教育课程和教学的改革与发展中，起到引领、标杆的作用。

我希望，北京劲松职业高中开发的课程及其教材，在使用的过程中，通过教学实践的检验和实际问题的解决，不断得到改进、完善和提高，为更多精品课程教材的开发夯实基础。

我也希望，北京劲松职业高中业已形成的探索、改革与研究的作风，能一以贯之，在建立具有我国特色的职业教育和高等职业教育的课程体系的改革之中，做

出更大的贡献。

改革开放以来，职业教育为中国经济社会的发展，做出了普通教育不可替代的贡献，不仅为国家的现代化培养了数以亿计的高素质劳动者和技能型人才，而且在提高教育质量的改革之中，职业教育创新性的课程开发成功的经验与探索已从基于知识存储的结果形态的学科知识系统化的课程范式，走向基于知识应用的过程形态的工作过程的课程范式，大大丰富了我国教育的理论与实践。

历史必定会将职业教育的"功勋"，铭刻在其里程碑上。

前言

根据《国家中长期教育改革和发展规划纲要》《国家职业教育改革实施方案》的要求，遵循以工作过程为导向的课程改革理念，以中餐烹饪专业人才培养方案和核心课程标准为依据，结合课程改革实验项目新课程实施情况，《冷菜工艺》教材由校企合作编写完成。

冷菜课程是中餐烹饪专业核心课程，该课程是通过开档、沟通领料、品质鉴定、菜肴加工制作、拼摆盘饰、整理保管、收档等典型职业活动直接转换成的课程，是按岗位任务要求展开的。根据冷菜典型职业活动，以工作任务为载体，确定了4个学习单元：即盘饰制作、冷菜制作、工艺冷盘和综合实训，前两个学习单元分别由12个任务组成，第三单元由8个任务组成，第四单元由2个综合任务组成，4个单元共144课时。任务编排的原则是由易到难，循序渐进，涵盖了单元的全部教学目标。

《冷菜工艺》教材单元学习导读主要包括单元学习内容、任务简介、学习要求、岗位工作简介等。前三个单元都有小结和能力检测。能力检测涵盖了知识、技能、烹饪文化及能力拓展内容，目的是提升学生的综合职业能力。

教材中每个任务的编排共分为任务描述、学习目标、成品质量标准、知识与技能准备、工作过程、评价参考标准、检测与练习、知识链接等几个环节。在学习知识、训练技能的同时，注重方法能力和社会能力的培养。

本教材突出体现了以下特色：

第一，教材突破过去以技能为主线的编写方式，现在以任务为载体，按任务由简到繁进行排列，技能学习的规律分别整合在任务中。学习过程中任务完成的同时，关键技能和综合职业能力也得到了训练。

第二，教材内容注意与餐饮企业接轨，以企业的需求为教学目标，内容来自企业真实的工作任务，吸纳了烹饪行业企业的新知识、新技术、新工艺、新方法。企业技术人员与专业教师对烹饪经验的总结与提升融在教材内容中，能让学生在学习中体验经验。教材注意与职业技能鉴定的内容相衔接，体现了烹饪新的要求，实用性强。

第三，教材在实现知识巩固、技能掌握的同时，强调方法能力和社会能力的培养，有助于学生综合职业能力的提升。例如，在工作过程环节，本书不仅按工作流程给出规范操作，还要阐述其中的原理，并结合工作实际提示关键技能，预设可能会出现的问题，引导学生思考和探究。

第四，教材图文并茂，教学资源丰富，育人功能凸显。本教材图文并茂，每个任务都配套制作了技能操作视频、PPT及检测题，建设了线上精品课程，适用于开展混合式教学。此外，教材结合工作任务，引入菜肴文化知识，增加了学生烹饪文化的积淀，引导学生树立文化自信，为学生的可持续发展奠定了基础。

本教材是北京市以工作过程为导向的专业课程改革中餐烹饪专业核心课程教材，适用于所有开设该专业的中等职业学校。教材在编写过程中，教学目标涵盖了专业课程目标、劳动部技能证书考试标准、行业标准及全国职业院校技能大赛标准。因此，教材同时适用于劳动部考证培训和各类相关企业培训。

本教材编写团队实力雄厚，由行业专家、课程专家全程指导，企业厨房高管、一线高技能人才参与编写。主编牛京刚老师是北京市劲松职业高中高级讲师、中烹高级技师、中国烹饪大师、中国餐饮30年杰出人物、全国烹饪大赛评委、国家劳动技能鉴定裁判、北京市职业院校专业带头人、北京电视台《食全食美》表演大厨；副主编刘雪峰是中国烹饪大师、山东省劳动模范，享受国务院特殊津贴专家；向军老师是正高级讲师、全国模范教师、中烹高级技师、中国烹饪大师；李冬是北京瑜舍酒店行政总厨。具体编写分工为：牛京刚、王辰负责单元一12个任务；刘雪峰、李寅、范春玥负责单元二12个任务；向军、刘龙、李冬负责单元三8个任务；史德杰、贾亚东负责单元四综合任务。牛京刚负责教材的整体设计，范春玥负责文字审订。

本教材在编写过程中，得到了北京市课改专家杨文尧校长、世界中餐名厨委员会主席屈浩先生、"大董中国意境菜"创始人董振祥先生的精心指导，在此深表谢意。

鉴于编者水平有限，本教材中遗漏和欠妥之处在所难免，真诚希望专家、同行批评指正，以便下一次修订完善。

编　者

2021年1月

目录
CONTENTS

单元一　盘饰制作

学习导读	2
任务一　盘饰小兰花的制作	9
任务二　盘饰圆瓣西番莲的制作	16
任务三　盘饰尖瓣西番莲的制作	23
任务四　盘饰陶然菊花的制作	29
任务五　盘饰月季花的制作	35
任务六　盘饰牡丹花的制作	43
任务七　盘饰抖手牡丹花的制作	49
任务八　盘饰荷花的制作	57
任务九　盘饰瓜盅的制作	64
任务十　盘饰翠鸟的制作	69
任务十一　盘饰神仙鱼的制作	76
任务十二　盘饰宝塔的制作	82
单元一　小结	88
单元一　检测	89

单元二　冷菜制作

学习导读	92
任务一　冷菜丰收拌菜的制作	98
任务二　冷菜怪味鸡的制作	105
任务三　冷菜开洋炝芹菜的制作	111
任务四　冷菜炸土豆丝的制作	117
任务五　冷菜美极浸萝卜的制作	123

任务六　冷菜盐水虾的制作 …………………………………………………… 128
任务七　冷菜糖醋小排的制作 ………………………………………………… 133
任务八　冷菜樟茶鸭子的制作 ………………………………………………… 138
任务九　冷菜苏式五香鱼的制作 ……………………………………………… 143
任务十　冷菜紫菜墨鱼卷的制作 ……………………………………………… 149
任务十一　冷菜酒烤猪肝的制作 ……………………………………………… 155
任务十二　冷菜琥珀桃仁的制作 ……………………………………………… 161
单元二　小结 …………………………………………………………………… 167
单元二　检测 …………………………………………………………………… 168

单元三　工艺冷盘

学习导读 …………………………………………………………………………… 172
任务一　工艺冷盘什锦拼盘的制作 …………………………………………… 176
任务二　工艺冷盘秋蟹映月的制作 …………………………………………… 181
任务三　工艺冷盘海南风光的制作 …………………………………………… 187
任务四　工艺冷盘松峦叠翠的制作 …………………………………………… 192
任务五　工艺冷盘花开富贵的制作 …………………………………………… 197
任务六　工艺冷盘锦鸡报春的制作 …………………………………………… 203
任务七　工艺冷盘蝶恋花的制作 ……………………………………………… 209
任务八　工艺果盘商务水果拼盘的制作 ……………………………………… 214
单元三　小结 …………………………………………………………………… 219
单元三　检测 …………………………………………………………………… 220

单元四　综合实训

综合实训（一）　教师节冷餐会 ……………………………………………… 224
综合实训（二）　家宴冷菜 …………………………………………………… 232

单元一 盘饰制作

学习导读

一、学习内容

冷菜厨房的工作任务分别是盘饰制作、冷菜制作、工艺冷盘，盘饰制作是通过盘饰对菜肴进行再次加工。一份普通的菜肴，加上盘边精美的装饰，可以提升档次。一些高标准的宴会也需要利用盘饰对宴会菜品进行点缀、包装，以使菜肴质量达到高标准的要求。本单元要求学生能运用直刀刻、旋刀刻、戳刀刻、划刀刻、拉刀刻技法雕刻主料，并会设计制作搭配的辅料，按照正确的工作流程完成盘饰。

二、任务简介

本单元由十二个任务组成，其中任务一至十训练直刀刻、旋刀刻、戳刀刻等基础雕刻刀法与简易盘饰，是由每个冷菜厨师在冷菜厨房工作环境中共同配合完成的。

任务一至任务八是以训练食品雕刻基本技法为主的实训任务，主要介绍食品雕刻工具和基础刀法的运用方法，可以在巩固学生直刀切技法的同时对简易盘饰造型进行练习。

任务九是以训练食品雕刻"阴纹雕"和"阳纹雕"技法为主的实训任务，也可以巩固前八个任务的基本技法。

任务十和任务十一是以训练食品雕刻"简易动物造型"技法为主的实训任务，主要是让学生能够灵活运用食品雕刻工具和刀法并能进行零雕整装，主要训练学生掌握较复杂的造型技法。

任务十二是以训练食品雕刻建筑造型技法为主的实训任务，主要让学生能够灵活运用食品雕刻工具和刀法并能进行零雕整装，主要训练学生掌握较复杂的造型技法。

三、学习要求

本单元要求在与企业厨房生产环境一致的实训环境中完成。学生通过实际训练能够初步体验并适应冷菜工作环境；能够按照冷菜岗位工作流程，基本完成开档和收档工作；能够按照冷菜岗位工作流程，运用食品雕刻技法和盘饰完成典型菜肴的盘饰制作，在工作中培养合作意识、安全意识和卫生意识。

四、岗位工作简介

（一）岗位工作流程

岗位工作流程如图 1-0-1 所示。

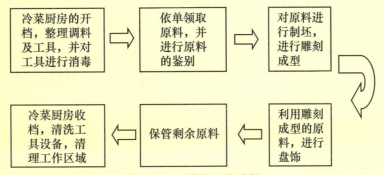

图 1-0-1　岗位工作流程

1．开档

开档步骤一至三如图 1-0-2 所示。

图 1-0-2　开档步骤一至三
（a）关闭消毒灯和灭蝇灯；（b）清洗双手；（c）清洁盘子和工具

第一步，关闭消毒灯

（1）每天把紫外线消毒灯在关掉电源的情况下，用湿布擦净灯罩、灯管，待干后使用。

（2）定期检查紫外线灯管是否有效并及时更换，开餐前和开餐后保证使用紫外线对空气消毒 20 分钟。消毒灯无尘土，定时开关，保证紫外线灯管有效。

第二步：清洗双手

取适量的洗手液于掌心→掌心对掌心搓搓→手指交错，掌心对手背揉搓→手指交错，掌心对掌心揉搓→双手相握相互揉搓→指心在掌心揉搓→左手自右手腕部前臂至肘部旋转揉搓。

第三步：清洁盘子和工具

（1）用前在洗涤水中洗至无油，无杂物。

（2）放入浓度为 3/10 000 的优氯净中浸泡 20 分钟，取出用清水冲净，或用蒸笼蒸 15 分钟，用消毒毛巾擦干净水分。

（3）熟食品器皿做到专消毒、专保存、专使用。盘子和工具要求干净，光亮，无油，无杂物，并经过消毒。

开档步骤四如图 1-0-3 所示。

(a) （b） （c）

图 1-0-3　开档步骤四

(a) 墩面消毒；(b) 加热消毒工具及墩子；(c) 清洗所用工具

（1）用热水擦洗干净后，用浓度为 3/10 000 的优氯净消毒，用热水加洗涤剂倒在墩子上，用板刷把整个墩子刷洗后用清水冲净，竖放在通风处。

（2）每两天用汽锅蒸煮 20 分钟。无油，墩面洁净、平整，无异味，无霉点。

（3）用板刷将所有的工具清洗干净，要求干净，无异味，无油污。

开档步骤五如图 1-0-4 所示。

(a) （b） （c）

图 1-0-4　开档步骤五

(a) 依单领料；(b) 领取原料；(c) 验收原料

做好卫生后，查看提前开出的原料单据，根据数量和规格，到原料库房领取原料，在领料过程中应将所领取的原料上秤称量或点数，以免和领料单上的原料重量或数目不符。将原料拿入厨房仔细检查原料的质量，包括外观和内在，如发现有腐烂变质、不新鲜的情况，应立即退还库房，不能用其制作菜肴。

2. 收档

收档步骤一和步骤二如图 1-0-5 和图 1-0-6 所示。

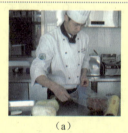 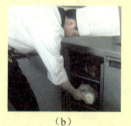 

(a) （b） （c）

图 1-0-5　收档步骤一

(a) 包裹剩余菜料；(b) 剩余原料放冰箱；(c) 清洗水池

  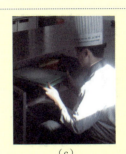

图 1-0-6　收档步骤二
(a) 扫地；(b) 拖地；(c) 将案板放回原处

第一步：清理剩余原料及清洗水池

（1）打开门，清理前日剩余食品。

（2）用洗涤剂水擦洗内部，洗净所有的屉架及内壁底角四周，捡去底部杂物，擦去留有的水和菜汤。

（3）将冰箱门内侧的密封皮条和排风口擦至无油污，无霉点。

（4）内部消毒，用比例为 3/10 000 的优氯净将冰箱内全部擦拭一遍。

（5）把回火的菜和当天新做的菜肴放入消毒后的器皿中，加封保鲜纸，有层次、有顺序地放入冰箱中。

（6）外部用洗涤剂水擦至无油，用清水擦除冰箱把手和门沿上的油污，用清水擦净，再用干抹布把冰箱整个外部擦干至光洁。

（7）用夹子将在浓度为 3/10 000 的优氯净中浸泡过 20 分钟的小毛巾夹在冰箱把手处，以便手和冰箱不直接接触，避免交叉污染，小毛巾须保持湿润，以保证消毒效果。

（8）把冰箱底部的腿、轮子擦至光亮。恒温冰箱温度合理，内部干净，无积水，无异味，无带泥制品，无脏容器和原包装箱，无罐头制品，码放整齐，符合卫生标准，外部干净明亮，内外任何地方无油污和尘土，应该回火的原料交到灶上回火。能利用的食品在符合卫生的情况下应尽量充分利用，避免浪费，冰箱中不得放入私人物品。

用洗涤剂水擦洗清洗水池，清洗四周内壁，捡去底部杂物，使水池光亮如新，无油污。

第二步：扫地、拖地、整理工具

扫净地面垃圾废料，倒入垃圾箱里后，用湿拖布浇上温水沏制的洗涤剂水，从里向外由厨房一端横向擦至另一端。用清水洗净拖布，反复擦两遍，然后将用过的案板归还原处。

（二）常用设备介绍

常用设备如图 1-0-7 和图 1-0-8 所示。

图 1-0-7 常用设备（一）
（a）四门冰柜；（b）急冻柜；（c）制冰机

图 1-0-8 常用设备（二）
（a）水槽；（b）抽真空机；（c）操作台

1．四门冰柜

在冷菜厨房中主要负责将制作好的冷菜用保鲜膜包好后放入冰箱冷藏。一般上层放蔬菜类，下层放肉类。绝对不能放入生肉、生鱼等生料。

2．急冻柜

急冻柜主要是存放一些不经常使用的冷菜原料，如酱汤、生肉、生鱼、生虾等，此柜不能放在冷菜拼摆室内。

3．制冰机

制冰机主要是为冷菜菜肴的焯制进行降温，或者冰镇蔬菜和水果等原料。

4．水槽

水槽是厨房最重要的清洁工具，一般是用来清洗蔬菜、手和器皿。日常清洁主要用刷子将槽内的杂物扫至漏斗上，提漏斗将杂物倒入垃圾桶；装好漏斗倒入洗涤剂；用刷子刷洗，用清水冲净。要求无杂物，无油垢，水流畅通。

5．抽真空机

抽真空机是厨房中原料保鲜的重要工具，用法是将原料放入抽真空袋中，打开抽真空开关，将袋内的空气抽出。此设备主要用于熟肉、熟菜的保鲜。

6．操作台

操作台是厨房中操作用的台面，主要用于放置墩子、不锈钢器具和餐具，是厨房重要的设备之一。主要清洁方式是操作前用洗涤剂把所有不锈钢操作台面擦两遍后，用浓度为3/10 000的优氯净消毒水擦拭一遍；用干净无油的布擦干；操作期间不与台面直接接触，应放入消毒后的专用不锈钢盘内；下脚料不堆放在桌面上，应放入下脚料的盆或盘中，随时保持桌面整洁、利落。把柜内的物品取出，用洗涤剂水擦洗四壁及角落，再用清水擦净擦干；把要放入的东西清理后依次放入；把柜门里外及柜外底部依次用洗涤剂水擦去油污，再用清水擦净，用干布擦至光亮。

操作台要求干净，光亮，无油污，无杂物，经过消毒。柜内无有毒有害物品及私人物品，干净整洁，外部光亮，无油污，干爽。

（三）常用工具介绍

常用工具如图 1-0-9 所示。

图 1-0-9　常用工具

（a）冷菜砧板；（b）片刀；（c）刮皮刀、夹子；（d）刀箱；（e）戳刀一；（f）雕刻刀；（g）杠刀棍；（h）消毒工具；（i）保鲜膜、保鲜盒；（j）戳刀二；（k）手布；（l）方盘；（m）汤桶；（n）菜板；（o）异形盘一

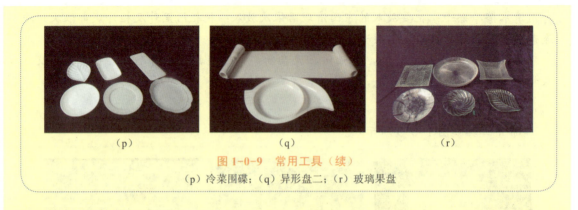

图 1-0-9 常用工具（续）
（p）冷菜围碟；（q）异形盘二；（r）玻璃果盘

（四）凉菜达到"五专"的加工条件

1. 专人

固定厨师专门加工冷荤、凉菜。

2. 专室

专为加工冷荤、凉菜的冷菜间不得加工其他食品，不得存放与工作无关的物品。严禁在冷菜间加工生食水产品和生牛肉。冷菜间应装有空调（不能是中央空调），将室温保持在 25 摄氏度以下。

3. 专用工具

冷菜间内应备齐专用的刀、案板、盆、盘、抹布、拖把等工具，严禁与其他操作间的工具混用。禁止使用木制菜板，应使用塑料菜板，以便清洗。

4. 专用消毒设备

冷菜间内应设有消毒工具、容器，消毒用的设备，随时进行洗刷消毒。操作人员要穿工作服、戴工作帽和口罩，在加工直接入口的食品前，除彻底洗手外，还要用酒精浓度为 75% 的酒精棉球涂擦消毒双手。冷菜间应安装独立的空调，空气和台面消毒可使用紫外线，紫外线灯距台面不超过 1 米，照射时间不少于 20 分钟。

5. 专用冷藏设备

冷菜间内要设有足够数量的冰箱，专供存放冷菜及所用的原料用。

6. 厨师进入冷菜间的二次更衣

根据行业规范，为确保冷菜出品食堂内食品及操作卫生，要求冷菜出品员工进入生产操作区内必须进行两次更衣，因此，在对冷菜出品食堂设计时，应采取两道门防护措施。员工在进入第一道门后，洗手、消毒后穿上洁净的工作服方可进入第二道门，开始从事冷菜的切配、装盘等工作。

任务一　盘饰小兰花的制作

一、任务描述

在冷菜厨房环境中，利用小黄瓜、胡萝卜等原料，通过直刀刻、直刀推切及直刀拉切等技法，完成小兰花的雕刻与盘饰。此盘饰可用于装饰炸菜、炒菜、冷菜等。

二、学习目标

（1）掌握盘饰原料小黄瓜、胡萝卜的选料及颜色的搭配。
（2）会用直刀刻技法雕刻小兰花，而且直刀的运刀线路要求为直线。
（3）巩固直刀推切及直刀拉切技法，完成盘饰。
（4）通过完成小兰花盘饰制作任务，培养学生的构图能力。

三、成品质量标准

盘饰小兰花成品如图 1-1-1 所示。

小兰花盘饰造型逼真，四个花瓣薄厚均匀，角度对称，雕刻手法细腻传神。盘饰组合造型合理，突出小兰花主题，色彩搭配合理。

图 1-1-1　盘饰小兰花成品

四、知识与技能准备

制作盘饰小兰花的具体过程如下。

1．造型设计

选用九寸[①]圆盘，运用直刀切、直刀刻手法，将雕刻成型的小兰花组装成一个花堆，边上用黄瓜皮刻出有花枝的小兰花点缀其中，完成盘饰。

盘饰的作用：美化菜肴，提升档次。盘饰是对菜肴的再次加工。

2．雕刻刀法

雕刻刀法如图 1-1-2 所示。

---

① 1 寸≈3.33 厘米。

直刀切
直刀切是指用平口刀或分刀操作，将原料放在砧板上切开，呈实体雕刻的毛坯，如花的底坯、小兰花的大型等。

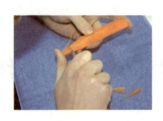
直刀刻
直刀刻是指用平口刀、直刀操作落刀成型，刀法通常使用直刀，刻出的花瓣都是直瓣。其是花卉雕刻中的基础雕刻刀法之一。

图 1-1-2　雕刻刀法

3．小兰花的技能点

雕刻小兰花时先将胡萝卜修成 1 厘米见方的立方柱，刻花瓣的角度为 80 度，花瓣应呈大小一致的菱形。雕刻时运刀要稳、准，以使其出来的花瓣上薄下厚。

用黄瓜皮拼摆小兰花花枝时应使其互相交错，体现花枝的自然美。

五、工作过程

1．选料

（1）胡萝卜。胡萝卜（图 1-1-3）是伞形科一年生或二年生草本植物。三回羽状全裂叶，丛生于肉质根上，顶端生一复伞形花序。胡萝卜品种较多，肉质根为食用部分，按色泽可分为黄、红、橙红、紫等多种，我国栽培最多的是红、黄两种。根据肉质根形状，胡萝

图 1-1-3　胡萝卜

卜一般分三种类型：短圆锥类型、长圆柱类型、长圆锥类型。胡萝卜品质以肉质细密，脆嫩多汁，有特殊的甜味，表皮光滑，形状整齐，心柱小，肉厚，不糠，无裂口和无病虫伤害的为佳。

胡萝卜原产亚洲西部，属半耐寒性，长日照植物，喜冷凉气候。我国多于夏秋季节播种，秋冬季节上市，栽培普遍，以河南、浙江、山东等省种植最多，品质也好。

（2）小黄瓜。小黄瓜（图 1-1-4）属葫芦科一年生蔓生植物，瓜形顺直，

图 1-1-4　小黄瓜

长度为 14～18 厘米，直径约 3 厘米，单根质量为 100 克左右，表皮柔嫩、光滑，色泽均匀，口感脆嫩，清香味浓郁。

2．工具准备

片刀 1 把、砧板 1 块、主刻刀 1 把、餐盘 1 个、水盆 1 个、消毒毛巾 1 条、餐巾纸 1 包。

片刀（图 1-1-5）：又称桑刀，长度为 20 厘米，宽度为 10 厘米。以锋钢为宜，白钢更佳，刀身宜薄，主要用于切制大型，常用于切削面积较大的原料，是食品雕刻常用刀具之一。

雕刻刀（图 1-1-6）：是雕刻的主要刀具。刀刃长 6～8 厘米，宽 0.8～1.2 厘米，厚 1.2 毫米，以白锋钢打造为佳，刀身以窄而尖为佳。主刀是雕刻绝大多数品种的必备刀具，用途极广，既适合大型雕刻，又可微雕，故称万用刀。

图 1-1-5　片刀

图 1-1-6　雕刻刀

3．小兰花雕刻步骤

小兰花雕刻步骤如图 1-1-7 所示。

取一根胡萝卜切成长的正方体。

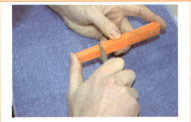

用雕刻刀以 80 度角下刀，从四个棱边分别去料，大拇指顶住末端。

花瓣要上薄下厚，刀尖划过底部中心点且花瓣不掉落。

工艺关键：雕刻小兰花之前，要用片刀将胡萝卜修成立方柱，立方柱的四方要基本相等，雕刻花的四个花瓣角度约为 80 度，花瓣大小要一致。

图 1-1-7　小兰花雕刻步骤

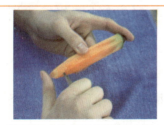		
用同样的方法将四面都刻出花瓣。	用雕刻刀在花瓣中心轻轻划开，使花与胡萝卜脱离。	用冷水将雕好的小兰花浸泡3～5分钟后取出备用。
工艺关键：雕刻出一朵小兰花后应随时修整角度，保持在80度角左右，并应将雕刻好的小兰花泡入冷水盆中，避免干枯。		

图 1-1-7　小兰花雕刻步骤（续）

4．小兰花盘饰制作过程

小兰花盘饰制作过程如图 1-1-8 所示。

取1根小黄瓜，去除头尾。	片刀与小黄瓜平行，用刀刃找薄厚。
工艺关键：制作盘饰时，小黄瓜的头尾要去除，保证片出的小黄瓜皮呈长方形。	

一边滚动小黄瓜，一边把刀慢慢移动，小黄瓜皮不要断，小黄瓜皮的薄厚要均匀。	这样小黄瓜皮就切好了。
工艺关键：片出的小黄瓜皮中间不要断开，薄厚要均匀。	

用雕刻刀划出弧线作为花枝。	按照同样的方法做出大小不一的花枝。
工艺关键：用小黄瓜皮制作花枝时，接口严谨，自然流畅。	

图 1-1-8　小兰花盘饰制作过程

这样花枝就完成了。

再用余料制成小叶子。

工艺关键:制作花枝梢时,要保持S形,大小、主干分明。

将刻好的小兰花花瓣紧挨着摆在盘中。

按照同样的方法将花瓣堆在一起,呈一朵小兰花状。

工艺关键:摆小兰花的顺序为第一层6个、第二层5个、第三层3个、第四层1个。

将花枝摆在花的一侧。

将做好的花枝交错摆放,并用小叶子点缀小兰花。

工艺关键:先摆主枝干,再摆藤梢。

按照同样的方法将小兰花摆在盘中的其他位置。

这样盘饰就完成了。

工艺关键:摆放小兰花时要自然流畅,间距搭配合理。

图 1-1-8 小兰花盘饰制作过程(续)

5．保鲜

将雕好的小兰花用清水浸泡10～20分钟，待用时拿出沥干水分并组装即可。

六、评价参考标准

小兰花盘饰评价标准

评价内容	评价标准	配分	自评得分	互评得分
色泽	色泽红绿相间，浓淡适宜	20		
雕刻手法	熟练准确，去料角度为80度，深度为0.5厘米	20		
成品标准	形态逼真，四个花瓣薄厚均匀，角度对称，符合小兰花自然美的要求	20		
装盘	装盘形态饱满，色、形、量与盛装器皿搭配协调，造型美观	20		
卫生	原材料新鲜，操作工具、盛装器皿洁净卫生，操作过程严格按照"五专"的要求	20		
教师综合评价				

七、检测与练习

（一）基础知识练习

1．食品雕刻原料大致可分为_____、_____、_____。

2．切制黄瓜、胡萝卜适用_____刀法。

3．手刀握刀的要求是_____、_____、_____。

（二）信息搜集

搜集各种兰花的图片。

（三）动手操作

1．试用其他果蔬雕刻一朵小兰花。

2．简述如何保管刻好的小兰花。

八、知识链接

小兰花（图1-1-9）是亚灌木状攀缘藤本，长1～3米。单叶对生；叶柄长3～5

毫米；托叶长3～4毫米；叶片膜质，卵状椭圆形或披针形，长6～10厘米，宽1.5～3厘米，先端尖，基部圆，上面深绿色，下面棕色，叶脉3～5对。头状聚伞花序，顶生或腋生；花淡绿色。蒴果小。种子多数很小。花、果期3-11月。

【生境分布】生态环境：生于山野疏林灌木丛中。

图1-1-9　小兰花示意图
（a）小兰花一；（b）小兰花二；（c）小兰花三；（d）小兰花四

九、思维拓展

利用此雕刻技法还可以制作出这样的盘饰（图1-1-10）。

图1-1-10　思维拓展示意图
（a）盘饰一；（b）盘饰二；（c）盘饰三；（d）盘饰四

任务二　盘饰圆瓣西番莲的制作

一、任务描述

在冷菜厨房环境中，利用南瓜、车厘子、卫青萝卜等原料，通过旋刀刻、戳刀刻完成圆瓣西番莲的雕刻，再利用雕刻成品与其他配料完成盘饰。此盘饰可用于装饰炸菜、浇汁菜、冷菜等。

二、学习目标

（1）掌握盘饰原料卫青萝卜、车厘子的选料及颜色的搭配。
（2）会用直戳刀技法雕刻西番莲，直戳刀技法的握刀要求是使用持笔手法。
（3）巩固直刀切技法，完成盘饰。
（4）通过完成圆瓣西番莲盘饰制作任务，培养学生的颜色搭配能力及构图能力。

三、成品质量标准

盘饰圆瓣西番莲成品如图1-2-1所示。

圆瓣西番莲盘饰造型逼真，花瓣以花心为圆心向四周逐渐放大，每个花瓣呈椭圆形，戳刻手法细腻传神，用料均匀，层次鲜明，色彩搭配合理。

图1-2-1　盘饰圆瓣西番莲成品

四、知识与技能准备

制作盘饰圆瓣西番莲的具体过程如下。

1．造型设计

选用正方形盘，将雕刻好的圆瓣西番莲摆在盘子的一角，并用卫青萝卜雕刻成竹子的样子与西番莲摆在一起，完成盘饰。

2．雕刻刀法

西番莲用戳刀雕刻，而握戳刀的方法通常采用执笔手法，雕刻刀法如

图 1-2-2 所示。

执笔手法是指和握笔姿势非常相似的一种握雕刻刀的手法。其方法是右手大拇指指肚贴紧刀膛左侧，食指指肚斜扣住刀背，中指指尖或指尖外侧抵住刀膛右侧，虎口格挡住刀柄，拇指、中指、食指互相配合，夹稳刀轴；小拇指与无名指紧托在中指下面，并可根据雕刻需要按在原料上，以配合运刀的方向、角度，从而保证运刀准确，不出偏差；左手运用扶、托、按、转等动作拿稳原料并及时调整原料的位置，配合右手方便运刀。这种手法广泛应用在各种作品的雕刻中，是学生应重点掌握的基本技法之一。

盘饰作用：弥补菜肴自身不足，在中国烹饪中，大多数菜肴都是将原料用刀工处理成较小、便于食用的形状，所以烹制成菜后，菜肴整体形态杂乱，装在盛器里也不成型。这时可以利用盘饰，将菜肴统一起来，让其美观有序。另外，还有一些菜肴，自身色泽较单一，色调暗淡，不容易引起人的注意或不能让人有食欲，这时加入适当的盘饰进行点缀，会对菜肴的整体色泽起到补充作用。

旋刻

旋刻刀法多用于各种花卉的刻制，它能使作品圆滑、规则。旋刻分为外旋和内旋两种方法。外旋适合于外层向里层刻制的花卉，如月季、玫瑰等；内旋适合于由里层向外层刻制的花卉或者两种刀法交替使用的花卉，如牡丹、西番莲等。

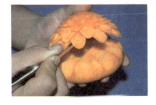

戳刻

修正成型时，应用戳刀戳至原料的中心点，一般圆瓣西番莲层数越多，花形越大，用刀时，戳刀的型号应逐渐增大。

图 1-2-2　雕刻刀法

3. 圆瓣西番莲的技能点

（1）雕刻圆瓣西番莲的坯体大小要视原料大小而定，通常为直径约 10 厘米的半球形，顶部花蕊的直径约为坯体直径的 1/3。

（2）要确定好第一层花瓣的个数，一般控制在 8～10 个。

（3）去废料时要求一次性割断取下，关键在于控制运刀的深度和力度。

（4）下一层花瓣的位置一定要在上一层花瓣交叉处，这样才能做到层次分明。

五、工作过程

1. 选料

（1）原料名称与用量。牛腿南瓜1个，如图1-2-3所示。

图1-2-3　牛腿南瓜

（2）相关原料知识。牛腿南瓜是葫芦科南瓜属，一年生双子叶草本植物，果形较小，普遍质量为1.5～2.5千克，也有10千克的。牛腿南瓜是晚熟品种，果实呈长筒形，犹如牛腿，顶部末端较大，有较小的种子腔，种子较少，靠近果梗一端为实心，是雕刻时选用的部分。嫩瓜表面平滑，有蜡粉，呈绿色或墨绿色。老瓜果皮光滑，呈赤褐色或淡黄色。牛腿南瓜肉色多为黄色或橘红色，肉质肥厚，便于储存和运输。南方各省普遍都有栽培，以广东产的品质为最优。

2. 工具准备

菜刀1把，砧板1块，主刻刀1把，U型戳刀1把，拉线刀1把，水性铅笔1支，餐盘1个，水盆1个，消毒毛巾1条，餐巾纸1包。

3. 圆瓣西番莲雕刻步骤

圆瓣西番莲雕刻步骤如图1-2-4所示。

用U型戳刀在中心位置转一圈。	用雕刻刀在圆圈边上去料，使圈凸起来。	用U型戳刀在边上戳一圈，去料做第一层花瓣。

工艺关键：雕刻圆瓣西番莲的坯体大小要视原料而定，一般为直径约10厘米的半球形，顶部花蕊的直径约为坯体直径的1/3。

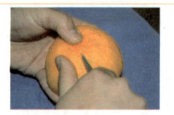		
在去过料的西番莲上下刀，戳出第一层花瓣。	按照刚才去料的方法把花瓣边上的料去掉。	在两个花瓣之间戳出第二层的位置并去料。

工艺关键：要确定好第一层花瓣的个数，一般控制在8～10个。戳刻过程要用力均匀，从内心80度角变换，直至180度角。

图1-2-4　圆瓣西番莲雕刻步骤

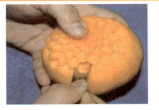	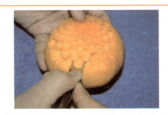	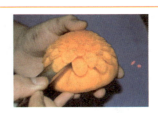
在刚才戳好的位置上戳出第二层花瓣，然后去料。	用同样的方法向下戳剩下的花瓣。逐渐更换戳刀，越来越大。	随着花瓣的增大，刀也要越来越大。

工艺关键：去废料时要求一次性割断取下，关键在于控制运刀的深度和力度。下一层花瓣的位置一定要在上一层花瓣交叉处，这样才能做到层次分明。

	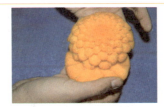	
最后一层刀要戳到中心位置，使花瓣容易分离。	戳一圈后将花和余料慢慢分离。	西番莲雕刻好了。

图 1-2-4　圆瓣西番莲雕刻步骤（续）

4．圆瓣西番莲盘饰制作过程

（1）盘饰辅料及刀具。盘饰辅料及刀具有卫青萝卜1个、车厘子4个、U型戳刀1把、拉线刀1把，如图1-2-5所示。

U型戳刀：
因其刀口面呈圆弧状而得名，其戳出的线条呈圆弧状。刀体长约15厘米，中部略宽，以便持握，两端均有圆弧形刃口且一边大一边小。

图 1-2-5　盘饰辅料及刀具

（2）盘饰制作与组装。盘饰制作与组装如图1-2-6所示。

取一半卫青萝卜修成竹子形状。	再用雕刻刀修饰。	将修好的竹子和根摆在盘子中。

工艺关键：用拉线刀将竹节的内膛刮匀，用力要稳，下刀要准，雕好一半竹节后再粘上七八根长短不一的竹根。竹根要求外细内粗。竹叶要呈柳叶形且薄。

图 1-2-6　盘饰制作与组装

将叶子粘在竹子边上。	再将竹枝粘在上面。	最后把叶子都粘在上面。

工艺关键：竹叶要黏插在竹节中间，使其自然美观，西番莲要斜倚在竹节上，以突出其花形及色彩。

把西番莲放在竹子下面。	把车厘子摆在西番莲边上。	圆瓣西番莲制作完成。

图 1-2-6　盘饰制作与组装（续）

5．保鲜

如果隔天使用，先将盘饰入冷水浸泡 10～20 分钟，然后沥干水分用保鲜膜包好后放入保鲜盒内，装入温度约为 4 摄氏度的冷藏柜中。

六、评价参考标准

圆瓣西番莲盘饰评价标准

评价内容	评价标准	配分	自评得分	互评得分
色泽	色泽艳丽，浓淡适宜	20		
雕刻手法	熟练准确，去料角度与深度恰当	20		
成品标准	形态逼真，花瓣以花心为圆心向四周逐渐放大，每个花瓣呈椭圆形，符合西番莲自然美的要求	20		
装盘	装盘形态饱满，色、形、量与盛装器皿搭配协调，造型美观	20		
卫生	原材料新鲜，操作工具、盛装器皿洁净卫生，操作过程严格按照"五专"的要求	20		
教师综合评价				

七、检测与练习

（一）基础知识练习

1. 圆瓣西番莲的雕刻U型戳刀采用了_____刀法。
2. 还可以选用_____来雕刻圆瓣西番莲。
3. 盘饰的作用是_____、_____、_____。

（二）动手操作

1. 写出雕刻圆瓣西番莲制作流程。
2. 试用其他果蔬雕刻一朵西番莲。

八、知识链接

西番莲（图1-2-7）起源于南美洲，为多年生常绿草质或半木质藤本攀缘植物。故乡是墨西哥高原地区海拔1 500米的地方，它既不耐寒，又畏酷暑，那里气候温凉，有一段低温时期进行休眠。西番莲又名鸡蛋果或百香果，亦有"热情之果"的雅称，果实甜酸可口，风味浓郁，芳香怡人。

图1-2-7　西番莲示意图
（a）西番莲一；（b）西番莲二

西番莲香气浓郁，甜酸可口，能生津止渴，提神醒脑，食用后能增进食欲，促进消化腺分泌，有助消化。果实中含有多种维生素，能降低血脂，防治动脉硬化，降低血压。内含多达165种化合物、17种氨基酸和抗癌的有效成分，能防治细胞老化、癌变，有抗衰老、养容颜的功效。

天然西番莲对中枢神经系统具有安定作用，能够舒缓焦虑紧张、郁郁寡欢、神经紧张引起的头痛，果汁具有生津止渴、提神醒脑、帮助消化、化痰止咳、治肾亏和滋补强身的功能。西番莲的根、茎、叶均可入药，有消炎止痛、活血强身、滋阴补肾、降脂降压等疗效。

《四川中药志》中记载：除风清热，止咳化痰。治风热头昏、鼻塞流涕。适合干制后泡水饮用。

九、思维拓展

利用此雕刻技法还可以制作出这样的盘饰（图1-2-8）。

图1-2-8　思维拓展示意图
（a）盘饰一；（b）盘饰二

任务三 盘饰尖瓣西番莲的制作

一、任务描述

在冷菜厨房环境中，利用心里美萝卜、卫青萝卜、胡萝卜等原料，通过直刀旋、戳刀刻法完成尖瓣西番莲的雕刻，再利用雕刻成品与其他配料完成盘饰。此盘饰可用于装饰炸菜、浇汁菜等。

二、学习目标

（1）掌握盘饰原料心里美萝卜、卫青萝卜、胡萝卜的选料及颜色的搭配。
（2）会用直戳刀技法雕刻尖瓣西番莲，花瓣大小层次的要求为由小变大。
（3）巩固直刀切技法，完成盘饰。
（4）通过完成尖瓣西番莲盘饰制作任务，培养学生的颜色搭配能力。

三、成品质量标准

盘饰尖瓣西番莲成品如图1-3-1所示。

尖瓣西番莲盘饰造型逼真，花瓣以花心为圆心向四周逐渐放大，每个花瓣呈三角形，戳刻手法细腻传神，去料均匀，层次鲜明，色彩搭配合理。

图1-3-1 盘饰尖瓣西番莲成品

四、知识与技能准备

制作盘饰尖瓣西番莲的具体过程如下。

1．造型设计

选用长方盘，将雕刻好的西番莲摆在一角，然后将胡萝卜刻成葫芦造型，对用卫青萝卜雕成的叶子进行装饰，最后再用黑醋汁点缀，完成盘饰。

点缀尖瓣西番莲时在盘边加上雕刻好的葫芦，可深化菜肴意境，活跃筵席气氛。盘饰除了美化菜肴外，还可以与菜肴互相搭配，共同构成一个主题。在这样的菜肴中，盘饰由辅助位置升级到主要位置，变成了菜肴制作中不可缺少的元素。

2．雕刻刀法

雕刻刀法如图 1-3-2 所示。

戳

戳也有"挖"的意思，是指用 U 型刀或 V 型刀在原料上戳出条状花瓣或三角形花瓣及动物羽毛。用右手拇指和食指捏住，压在中指上来操作，有向下戳和向上戳两种刀法。

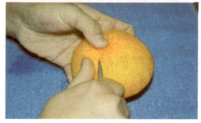

削

削也是一种辅助刀法，待原料选好后，先用刀削出轮廓，这是正式落刀的初步加工，有正削、反削之分，削出的原料要符合雕刻制品的外形要求。

图 1-3-2　雕刻刀法

3．尖瓣西番莲的技能点

参照圆瓣西番莲。

五、工作过程

1．选料

（1）心里美萝卜。心里美萝卜（图 1-3-3）所含热量较少，纤维素含量较高，吃后易产生饱胀感，有助于减肥。萝卜能诱导人体自身产生干扰素，增加机体免疫力，并能抑制癌细胞的生长。萝卜中的芥子油和精纤维可促进胃肠蠕动，有助于体内废物的排出。

（2）卫青萝卜。俗语有云："东北人参莱阳梨，不及潍县萝卜皮。"卫青萝卜（图 1-3-4）属生食绿色品种，细长圆筒形，皮翠绿色，是地方优质品种，极耐储存。

2．工具准备

工具种类如图 1-3-5 所示。

3．尖瓣西番莲雕刻步骤

尖瓣西番莲雕刻步骤如图 1-3-6 所示。

| 任务三 盘饰尖瓣西番莲的制作 | 25

图 1-3-3　心里美萝卜

图 1-3-4　卫青萝卜

分刀

分刀又称大切刀，形似水果刀，刀头较尖，长度约 20 厘米，以锋钢为宜，白钢更佳，刀身宜薄。其常用在切、削较大面积的原料上，也是泡沫雕常用刀具之一。

V 型戳刀

因其刀口面呈 V 型而得名，其戳出的线条比圆口戳刀更加有立体感，也更清晰。

图 1-3-5　工具种类

将心里美萝卜从中间一分为二。

取其中一半。

运用直刀旋的手法打圆。

工艺关键：雕刻尖瓣西番莲的坯体大小要视原料大小而定，一般为直径约 10 厘米的半球形，顶部花蕊的直径约为坯体直径的 1/3。

将萝卜打圆呈半球形。

用 U 型刀在中心位置转一圈。

用雕刻刀在圆圈边上去料，使圈凸起来。

工艺关键：要确定第一层花瓣的个数，一般控制在 8～10 个。

图 1-3-6　尖瓣西番莲雕刻步骤

用 V 型刀在边上戳一圈，去料，制出第一层花瓣。	在去过料的位置下刀，戳出第一层花瓣。	按照刚才去料的方法把花瓣边上的料去掉。
工艺关键：去废料时要求一次性割断取下，关键在于控制运刀的深度和力度。		
	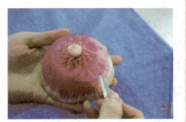	
在两个花瓣之间戳出第二层的位置并去料。	在刚才戳好的位置戳出第二层花瓣，然后去料。	用同样的方法向下戳剩下的花瓣。随着花瓣的增大，刀也要越来越大。
工艺关键：下一层花瓣的位置一定要在上一层花瓣交叉处，这样才能做到层次分明。		

最后一层刀要戳到中心位置使其好分离。	尖瓣西番莲雕刻完成。	

图 1-3-6　尖瓣西番莲雕刻步骤（续）

4．尖瓣西番莲盘饰制作过程

尖瓣西番莲盘饰制作过程如图 1-3-7 所示。

取一根胡萝卜将其修成葫芦形状。	取一根卫青萝卜切出两个大片。	用雕刻刀在卫青萝卜片上划出藤条。
工艺关键：为了使葫芦表面光滑，应选用较细腻的砂纸打磨，并用清水冲净，刻藤条时要自然流畅。		

图 1-3-7　尖瓣西番莲盘饰制作过程

在卫青萝卜上刻出叶子的形状。	将这块料取下,使其凹下去。	沿着叶子的形状将其刻下。

工艺关键:叶子的形状刻为椭圆形,用拉线刀刻出叶脉及边缘。

把刻好的叶子和藤粘在葫芦上。	把刻好的尖瓣西番莲摆在葫芦下面。	最后在西番莲的两侧分别点上黑醋。

工艺关键:两个葫芦要交叉摆放,藤条和叶子穿插其间,突出西番莲的色与形。

图 1-3-7　尖瓣西番莲盘饰制作过程(续)

5．保鲜

将雕刻好的尖瓣西番莲放在清水中浸泡 30 分钟,然后用保鲜膜包裹严实放在冰箱的冷藏室中。

六、评价参考标准

尖瓣西番莲盘饰评价标准

评价内容	评价标准	配分	自评得分	互评得分
色泽	色泽艳丽,浓淡适宜	20		
雕刻手法	戳刻手法熟练准确,去料角度与深度恰当	20		
成品标准	形态逼真,花瓣以花心为圆心向四周逐渐放大,每个花瓣呈三角形,符合尖瓣西番莲自然美的要求,花瓣从花心开始由小变大	20		
装盘	装盘形态饱满,色、形、量与盛装器皿搭配协调,造型美观	20		
卫生	原材料新鲜,操作工具、盛装器皿洁净卫生,操作过程严格按照"五专"的要求	20		
教师综合评价				

七、检测与练习

（一）基础知识练习

1. 食品雕刻中戳刀按形状可分为_____、_____。
2. 尖瓣西番莲用_____戳刀。
3. 青萝卜以表皮_____，形状整齐，心柱大，肉厚，不糠，无裂口和无病虫伤害为佳。

（二）动手操作

1. 搜集尖瓣西番莲图片并分析花瓣结构特征。
2. 试用其他果蔬雕刻一朵西番莲。

八、知识链接

西番莲（图1-3-8）别名大丽花、大理菊，为菊科多年生草本花卉，原产墨西哥高原地区。西番莲品种繁多，花型多变，色彩丰富，花期颇长，盛开的西番莲优雅而又尊贵。

西番莲等花卉一般采用戳刻的方法，用大小不同的U或V型戳刀进行雕刻，相对其他雕刻花卉的方法，比较容易掌握和学习。

(a) (b) (c)

图1-3-8 西番莲示意图
(a) 西番莲一；(b) 西番莲二；(c) 西番莲三

九、思维拓展

利用此雕刻技法还可以制作出这样的盘饰（图1-3-9）。

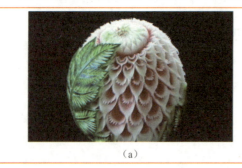 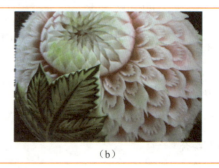

(a) (b)

图1-3-9 思维拓展示意图
(a) 盘饰一；(b) 盘饰二

任务四 盘饰陶然菊花的制作

一、任务描述

在冷菜厨房环境中,利用心里美萝卜、南瓜、松枝等原料,先通过戳刀旋刻完成陶然菊花的雕刻,再利用堆、扎的方法完成盘饰,此盘饰可用于装饰爆菜、浇汁菜等。

二、学习目标

(1)掌握盘饰原料心里美萝卜、松枝的选料及颜色的搭配。

(2)会用旋刀戳技法雕刻陶然菊花,旋刀戳的要求是右手大拇指和左手大拇指滚动原料,然后随着右手大拇指的方向旋转雕刻。

(3)巩固旋刀戳技法,完成盘饰。

(4)通过完成陶然菊花盘饰制作任务,培养学生的双手配合能力。

三、成品质量标准

盘饰陶然菊花成品如图1-4-1所示。

陶然菊花盘饰造型逼真,花瓣呈螺旋放射状,戳刻手法细腻传神,去料均匀,层次分明,色彩搭配合理。

图1-4-1 盘饰陶然菊花成品

四、知识与技能准备

制作盘饰陶然菊花的具体过程如下。

1. 造型设计

运用边角点缀法,将雕刻好的陶然菊花摆在八寸方盘中,然后用南瓜、法香叶进行简单装饰,完成盘饰。

中心点缀法：中心点缀法是在盛器的正中间进行装盘点缀的方法。这种方法适合对呈放射状排列的菜肴进行点缀。通常，中心点缀法中间放置较高的食物雕刻作品，在边上围摆菜肴。使用这种方法时应注意，中间的点缀应比边上的菜肴高，不能低于菜肴的高度，否则影响美观。

2．雕刻刀法

雕刻刀法——曲线戳如图1-4-2所示。

3．陶然菊花的技能点

（1）为了表现陶然菊花的盛开程度，戳刀的进刀角度控制在60度左右。

曲线戳

曲线戳是使用V型刀或者U型刀操作，主要是用于刻细长且弯曲较大的花瓣、羽毛等。雕刻的方法是将刀尖对准要刻部位呈S形弯曲前进，这样刻出的线条就是曲线形。

图1-4-2　雕刻刀法——曲线戳

（2）外层花瓣用4号圆口戳刀（大），内层花瓣用5号圆口戳刀（小），这样才能错落有致，美观大方。

（3）陶然菊花雕刻应注意花瓣的疏密程度要保持适宜，一般外疏内密，而且两层花瓣是交叉的。

（4）每层花瓣的废料要去尽，这样才能保证菊花盛开。

（5）刻好后，要在清水中浸泡30分钟以上，这样才能使花瓣充分展开和弯曲。

五、工作过程

1．选料

心里美萝卜（也可选用胡萝卜、卫青萝卜、白萝卜、南瓜等）1个。

2．工具准备

拉线刀如图1-4-3所示。

3．陶然菊花雕刻步骤

陶然菊花雕刻步骤如图1-4-4所示。

拉线刀可拉刻中线、凹槽、文字，定大型，去废料，刻衣服褶皱、瓜盅线条等一切中型线条，用途极广，是食品雕刻必备刀具之一。

图1-4-3　拉线刀

 将心里美萝卜去外皮修成球形,一端修一平面。	 将心里美萝卜平面朝下圆面朝上放置。	 运用旋刀戳的手法戳出菊花瓣。
工艺关键:将心里美萝卜打成圆球形,直至表皮光滑圆润,戳刻S形花瓣时注意走刀要稳,不要戳断。		
 由上至下呈S形戳出花瓣。	 两个花瓣之间间隔0.5厘米距离戳下一个花瓣。	 注意底部不可戳断,戳至平面边缘即可。
工艺关键:为了表现陶然菊花的盛开程度,戳刀的进刀角度控制在60度左右。外层花瓣用4号圆口戳刀(大),内层花瓣用5号圆口戳刀(小),这样才能感觉错落有致,美观大方。雕刻陶然菊花应注意花瓣的疏密程度,一般外疏内密,而且两层花瓣之间是交叉的。		
 第一层花瓣制作完成。	 将心里美萝卜去掉沟槽再次打圆,呈球形。	 在两个花瓣之间戳出第二层花瓣。
工艺关键:每层花瓣的废料要去尽,这样才能保证菊花呈盛开状。		
 用同样的方法戳出第二层。	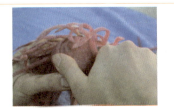 每戳完一层都要去除沟槽再次打圆呈球形。	 花心部位花瓣应短并向内收。
 修整花瓣并去掉余料。	 最后旋风菊花就刻好了。	 将戳好的菊花放入清水中浸泡30分钟备用。
工艺关键:雕刻完成后,要在清水中浸泡30分钟以上,这样才能使花瓣充分展开和弯曲。		

图 1-4-4　陶然菊花雕刻步骤

4. 陶然菊花盘饰制作过程

陶然菊花盘饰制作过程如图 1-4-5 所示。

取一块南瓜修成木桩形状。

用拉线刀将其修得更加逼真，划出树痕。

将卫青萝卜片下一个薄片备用。

工艺关键：最好在南瓜块上刻树桩的图形，再修切成树桩形。树叶要与树桩呈合理的比例。

在薄片上划出小草的形状。

然后慢慢将其拿下来。

按位置将花与树桩摆在盘中。

再加上小草与法香。

陶然菊花盘饰制作完成。

工艺关键：陶然菊花要插在树桩的顶部，以突出菊花，同时要擦干盘内水分。

图 1-4-5　陶然菊花盘饰制作过程

5. 保鲜

将雕刻好的陶然菊花放在清水中浸泡 30 分钟，然后用保鲜膜包裹严实放在冰箱的冷藏室中。

六、评价参考标准

陶然菊花盘饰评价标准

评价内容	评价标准	配分	自评得分	互评得分
色泽	色泽艳丽，浓淡适宜	20		
雕刻手法	熟练准确，去料角度与深度恰当	20		
成品标准	形态逼真，花瓣呈螺旋放射状，戳刻手法细腻传神，去料均匀，层次鲜明，色彩搭配合理	20		

续表

评价内容	评价标准	配分	自评得分	互评得分
装盘	装盘形态饱满，色、形、量与盛装器皿搭配协调，造型美观	20		
卫生	原材料新鲜，操作工具、盛装器皿洁净卫生，操作过程严格按照"五专"的要求	20		
教师综合评价				

七、检测与练习

（一）基础知识练习

1．菊花的雕刻刀法由_____组成。

2．菊花的花期应是每年的_____月。

3．旋风菊去料运用了食雕中的_____刀法。

（二）动手操作

1．搜集陶然菊花图片并分析花瓣开放特点。

2．试用其他果蔬雕刻一朵陶然菊花。

八、知识链接

菊花（图1-4-6）属多年生菊科草本植物，是经长期人工选择培育出的名贵观赏花卉，也称艺菊，品种已达千余种。菊花是中国十大名花之一，在中国已有三千多年的栽培历史。

菊花在世界切花生产中占有重要地位，是世界四大切花之一，产量居四大切花之首，切花要求花型整齐，花径7～12厘米，花色鲜艳，无病虫为害，叶浓绿，茎通直，高80厘米以上，水养期长。切花菊可地栽，株距12～13厘米，行距约15厘米。每平方米达50株，需设网扶持，以保植株直立。

菊花可促成和抑制栽培，长日照季节，每天17时至次日9时遮光，每天日照10小时，至花蕾现色时停止遮光，可提前开花。短日照季节每天控制日照长度在14小时，可控制花芽分化，延迟供花时间。

图 1-4-6　知识链接示意图

九、思维拓展

利用此雕刻技法还可以制作出这样的盘饰（图 1-4-7）。

图 1-4-7　思维拓展示意图
（a）盘饰一；（b）盘饰二；（c）盘饰三；（d）盘饰四

任务五 盘饰月季花的制作

一、任务描述

在冷菜厨房环境中，利用南瓜、卫青萝卜、樱桃萝卜等原料，先通过旋刀刻完成雕刻，再利用堆、扎的方法完成盘饰。此盘饰可用于装饰爆菜、浇汁菜等。

二、学习目标

（1）掌握盘饰原料南瓜、卫青萝卜的选料及颜色的搭配。
（2）会用直戳刀技法雕刻月季花，要求使用旋刀刻。
（3）巩固旋刀刻技法，完成盘饰。
（4）通过完成月季花盘饰制作任务，培养学生的颜色搭配能力。

三、成品质量标准

盘饰月季花成品如图1-5-1所示。

月季花盘饰造型逼真，月季花瓣前2层每层有5个花瓣，且呈椭圆形。通常2层直瓣，4层旋瓣，雕刻手法细腻传神，去料均匀，层次分明，色彩搭配合理。

图1-5-1 盘饰月季花成品

四、知识与技能准备

制作盘饰月季花的具体过程如下。

1. 造型设计

选用正方形磁盘，运用边角点缀法将雕刻好的月季花与组合好的樱桃萝卜一起摆在盘子的一角，完成盘饰。

包围点缀法：包围点缀法主要是在盛器的边缘用原料围成各种几何形的点缀方法。包围点缀法可以围成圆形、正方形、三角形、椭圆形、五边形等。包围的形式有全围式、半围式、散点式三种。包围点缀法在运用时,应注意所围的几何形状要均匀规则,若用的是散点式,每个元素单元之间的间距应相等。

2．雕刻刀法

雕刻刀法——旋刀法如图1-5-2所示。

旋刀法是用平口刀或斜口刀在圆柱形原料的侧面,并与原料轴心呈一定角度进行旋削的刀法。旋刀法主要用于多种花卉的刻制,可能使作品圆润、光洁、规则,其又分外旋和内旋两种方法。外旋适合由外层向内层刻制的花卉,如月季花和玫瑰花;内旋适合由内层向外层刻制的花卉,或两种刀法交替使用的花卉,如马蹄莲和牡丹花等。

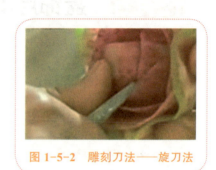

图 1-5-2　雕刻刀法——旋刀法

（1）技法要求。

①刻刀刀口要锋利平整。

②拇指、食指、中指要捏稳刀身,发力准确。

③无名指支撑点要稳,这样有利于掌握用刀力度,易于控制行刀角度。

④进刀及收刀点要定准。

⑤运刀准确,干净利落。

（2）技法要点。

①除拇指外四指要捏稳刀身,发力准确。右手各指捏紧雕刻刀,把刀捉稳但不捉死,掌内松空,刀轴、刀尖、刀刃自如运转。

②每刻一刀都有起刀、运刀、收刀的过程,起刀要果断,保证刀口挺拔有力;运刀要稳健,保证刀口沉稳不飘浮;收刀要准确,保证运刀之后的定型达意。

③执刀、运刀注意力度的对比变化,同时还要保证运刀的整体连贯性。刀在原料上运行时要一气呵成,自然流畅,如果雕雕停停,则会出现松散不连贯现象。

3．月季花的技能点

（1）雕刻月季花时刀身坯面须保持45度角,若倾斜度不够,就会导致花瓣轮廓不明显。

（2）废料一定要去到底、去干净,刀尖要紧贴上层花瓣根部;否则,废料就不能一次性割断。

（3）刀尖任何时候都要尽量朝向外层花瓣的根部，只有这样，花心才能包起来。

五、工作过程

1．选料

卫青萝卜（图1-5-3）、樱桃萝卜（图1-5-4）若干，南瓜1块，青萝卜1根，牙签10根。

图1-5-3　卫青萝卜

图1-5-4　樱桃萝卜

樱桃萝卜

樱桃萝卜具有品质细嫩，生长迅速，外形、色泽美观等特点，适于生吃。目前我国栽培的品种大多从日本、德国等国引进，我国栽培的樱桃萝卜以扬州水萝卜较为著名。

2．工具准备

雕刻刀1把。

3．月季花雕刻步骤

月季花雕刻步骤如图1-5-5所示。

将青萝卜从头部切4～5厘米。

从根部起，开椭圆形花瓣。

依次开出5个椭圆形花瓣。

工艺关键：将卫青萝卜修切成直径3～7厘米、高度为3～4厘米的半圆球形。雕刻月季花时，刀身坯面须保持45度角，若倾斜度不够，会导致花瓣轮廓不明显，不利于花瓣的雕刻。

沿着椭圆形开瓣，要求上薄下厚。

依次开出其余4个花瓣。

在2个花瓣之间利用旋刀刻去弧形料。

工艺关键：花瓣应开成2层直瓣，以4层旋瓣以上为标准。废料一定要去到底、去干净，刀尖要紧贴上层花瓣根部；否则，废料不能一次性割断。

图1-5-5　月季花雕刻步骤

 取下废料。	 在去过料的地方下刀，开出弧形花瓣的形状。	 按照去料方法把花瓣边上的料去掉。
工艺关键：开瓣的方法应是遵循每两瓣之间开一瓣的规律直至刻至花心。			
 在2个花瓣之间旋刻出第二层的花瓣。	 在旋刻好的位置去料。	 用同样的方法向下旋刻剩下的花瓣。
工艺关键：刀尖任何时候都要尽量朝向外层花瓣的根部，只有这样，花心才能包起来。握刀的方法应采用持笔手法。			
 利用旋刀刻的手法雕刻花瓣的规律为两瓣之间开一瓣。	 在旋刀刻的过程中一直采用持笔手法。	 刻制花心部位时，应用刀尖刻出两个花瓣的花心。
 月季花制作完成。		

图 1-5-5　月季花雕刻步骤（续）

4．月季花盘饰制作过程

月季花盘饰制作过程如图 1-5-6 所示。

 在樱桃萝卜上用U型戳刀戳出孔。	 将卫青萝卜切下一个片，在上面用雕刻刀刻出水草形状。	 慢慢取出后进行修整。
工艺关键：樱桃萝卜戳出的孔洞不宜过深，刻画小草时应自然流畅。			

图 1-5-6　月季花盘饰制作过程

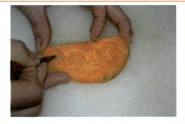		
在南瓜片上刻出祥云的形状并取下。	用牙签将樱桃萝卜插好并和水草一起摆在盘子里。	将刻好的祥云摆在盘子上。
工艺关键：樱桃萝卜应以 4、3、2、1 的顺序进行码放插摆。		

最后将刻好的盘饰都摆入盘中并整理好位置。	再将月季花摆入，这样月季花盘饰就制作完成了。	

图 1-5-6　月季花盘饰制作过程（续）

5．保鲜

将雕刻好的月季花放在清水中浸泡 20 分钟左右，沥干水分，然后用保鲜膜包裹严实，放在冰箱的冷藏室中。

六、评价参考标准

月季花盘饰评价标准

评价内容	评价标准	配分	自评得分	互评得分
色泽	色泽艳丽，浓淡适宜	20		
雕刻手法	熟练准确，去料角度与深度恰当	20		
成品标准	形态逼真，月季花瓣前 2 层每层有 5 个花瓣，且呈椭圆形。通常 2 层直瓣，4 层旋瓣，符合月季花自然美的要求	20		
装盘	装盘形态饱满，色、形、量与盛装器皿搭配协调，造型美观	20		
卫生	原材料新鲜，操作工具、盛装器皿洁净卫生，操作过程严格按照"五专"的要求	20		
教师综合评价				

七、检测与练习

（一）基础知识练习

1. 雕刻月季花运用了_____、_____刀法。
2. 月季花雕刻可用_____、_____、_____、_____等原料。
3. 月季花盛开时间是_____。

（二）动手操作

1. 搜集月季花图片或照片并分析花瓣特征。
2. 试用其他果蔬雕刻一朵月季花。

八、知识链接

月季花（图1-5-7）是蔷薇科属植物，原产北半球，几乎遍及亚、欧两大洲，中国是月季的原产地之一。至于现代月季，血缘关系极为复杂。月季为有刺灌木，或呈蔓状与攀缘状。

月季可用扦插、嫁接、播种、离体组织培养等方法繁殖。月季的病虫害也应贯彻预防为主的方针，才能保证月季健壮生长、开花。

月季花又叫月月红、月月花。它不仅是花期绵长、芬芳色艳的观赏花卉，而且是一味妇科良药。中医认为，月季味甘、性温，入肝经，有活血调经、消肿解毒之功效。由于月季花的祛瘀、行气、止痛作用明显，故常被用于治疗月经不调、痛经等病症。临床报道，妇女出现闭经或月经稀薄、色淡而量少、小腹痛，兼有精神不畅和大便燥结等，或在月经期出现上述症状，用胜春汤治疗效果好。胜春汤的药物组成有：月季花10克、当归10克、丹参10克、白芍10克，加红糖适量，清水煎服。其汤味香甜，无难咽之苦，每次月经前3～5天服3剂，每次加鸡蛋一个同煮，其效可靠，不愧是调经、理气、活血的妙剂。月季花与代代花合用，更是治疗气血不和引起月经病的良方。用月季花、代代花各15克，煎水服。月季花重活血，代代花偏于行气。二药为伍，一气一血，气血双调，其调经活血、行气止痛之功甚好。主治妇女肝气不舒、气血失调、经脉瘀阻不畅，以致月经不调、胸腹疼痛、食欲不振甚或恶心、呕吐等症。对妇科常见病，民间用月季花单方、验方也很有效。比如：鲜月季花20克开水泡服，可治月经不调或经来腹痛；月季根30克，鸡冠花、益母草各15克，煎水煮蛋吃，能治痛经；月经过多、白带多，用月季花（或根）15克水煎服或炖猪肉食；月季花10克、大枣12克同煎，汤成后加适量蜂蜜服用，此方又香又甜，不像是药，对经期潮热很有效。此外，女性常用月季花瓣泡水当茶饮，或加入其他健美茶中冲饮，还可活血美容，使人青春长驻。

图 1-5-7　知识链接示意图

九、思维拓展

利用此雕刻技法还可以制作出这样的盘饰（图 1-5-8）。

(a)　　　　　　　　　　　　　　(b)

图 1-5-8　思维拓展示意图

(a) 盘饰一；(b) 盘饰二

图1-5-8 思维拓展示意图(续)
(c)盘饰三;(d)盘饰四

任务六 盘饰牡丹花的制作

一、任务描述

在冷菜厨房环境中,利用卫青萝卜、心里美萝卜等原料,先通过旋刀刻、直刀刻完成雕刻,再利用插、摆的方法完成盘饰。此盘饰可用于装饰爆菜、冷菜、象形菜等。

二、学习目标

(1)掌握盘饰原料卫青萝卜、芋头的选料及颜色的搭配。
(2)会用直刀刻技法雕刻牡丹花,直刀刻的要求是运刀线路为直线。
(3)巩固直刀刻技法,完成盘饰。
(4)通过完成牡丹花盘饰制作任务,培养学生的双手配合能力。

三、成品质量标准

盘饰牡丹花成品如图 1-6-1 所示。

图 1-6-1 盘饰牡丹花成品

牡丹花盘饰造型逼真,雍容华贵,美轮美奂,花瓣呈锯齿波浪状,花瓣前 2 层每层 5 瓣,通常 2 层直瓣,4 层旋瓣,两个心形代表心心相印,旋刀手法细腻传神,去料均匀,层次分明,色彩搭配合理。

四、知识与技能准备

制作盘饰牡丹花的具体过程如下。

1. 造型设计

选用八寸正方盘,运用边角点缀法将雕刻好的牡丹花和用芋头制成的心形摆在盘子的一角,完成盘饰。

分隔点缀法:分隔点缀法是利用装盘点缀将盛器分为几个相对独立空间的点缀方法。这种点缀方法非常适合两种或两种以上口味的点缀。使用原料将菜肴隔开，可以使菜肴互不串味，有利于保持各自的风味特色。

2．雕刻刀法

直刀刻。

五、工作过程

1．选料

心里美萝卜半个、芋头两片（0.5厘米厚）、青萝卜两片。

2．工具准备

雕刻刀1把、心形模具。

3．牡丹花雕刻步骤

牡丹花雕刻步骤如图1-6-2所示。

取一个打好圆的心里美萝卜。

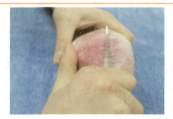

心里美萝卜分成均匀的五瓣。

在每个萝卜瓣上戳出花瓣。

工艺关键：将心里美萝卜打圆至半圆球形，直径为10～12厘米，高度为6厘米。每瓣用U型刀扣戳成牡丹花花瓣的波浪花纹。

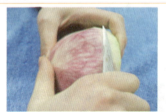

用直刀刻技法将花瓣刻下。

花瓣刻下底部要连着。

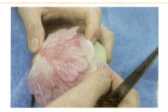

同样的方法刻出其他四瓣，并把多余的料去掉。

工艺关键：雕刻牡丹花时刀身坯面须保持45度角，若倾斜度不够，则会导致花瓣轮廓不明显，不利于后续雕刻。

在两瓣之间用直刀刻技法刻出下一层花瓣的位置。

将第二层花瓣位置修整好。

将五瓣花瓣的位置修整好。

工艺关键：雕刻至第四层时，应采用旋刻的方法雕刻出牡丹花的花心。

图1-6-2　牡丹花雕刻步骤

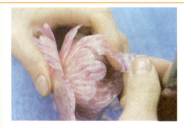
用同样的方法刻出第二层,并去料。

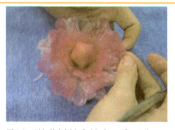
最里面的花瓣越来越小,直至花心。

将花心刻好就完成了牡丹花的制作。

图 1-6-2　牡丹花雕刻步骤(续)

4．牡丹花盘饰制作过程

牡丹花盘饰制作过程如图 1-6-3 所示。

用心形模子扣出一个心形。

再用雕刻刀将其中间掏空并使其圆滑。

用卫青萝卜片刻出水草。

工艺关键：两个心形要刻得对称、薄厚均匀,小草叶子的线条应自然流畅。

在卫青萝卜上刻出叶子形。

然后慢慢将其拿下来。

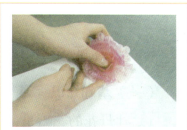
将牡丹花摆在盘中。

工艺关键：插摆的位置要突出牡丹花和双心形。

把叶子和心按照合适的位置摆好。

将水草摆好后就完成了牡丹花盘饰的制作。

图 1-6-3　牡丹花盘饰制作过程

5．保鲜

用清水将雕好的牡丹花浸泡 20 分钟,待用时再拿出沥干水分并组装。

六、评价参考标准

牡丹花盘饰评价标准

评价内容	评价标准	配分	自评得分	互评得分
色泽	色泽艳丽，浓淡适宜	20		
雕刻手法	熟练准确，去料角度与深度恰当，开瓣角度以每一层变换30度角	20		
成品标准	形态逼真，花瓣呈锯齿波浪状，花瓣前2层每层5瓣，通常2层直瓣，4层旋瓣，符合牡丹花自然美的要求，花瓣呈锯齿状分布	20		
装盘	装盘形态饱满，色、形、量与盛装器皿搭配协调，造型美观	20		
卫生	原材料新鲜，操作工具、盛装器皿洁净卫生，操作过程严格按照"五专"的要求	20		
教师综合评价				

七、检测与练习

（一）基础知识练习

1．牡丹花的花瓣呈_____状。

2．切制卫青萝卜适用_____刀法。

3．磨刀的要求是_____。

（二）动手操作

1．写出雕刻牡丹花制作流程。

2．试用其他果蔬雕刻一朵旋风菊花。

八、知识链接

牡丹（图1-6-4）原产于中国西部秦岭和大巴山一带山区，为多年生落叶小灌木，生长缓慢，株型小。牡丹是我国特有的木本名贵花卉，素有"百花之王"之称。

牡丹（图1-6-5）分为枝和须根。株高1～3米，一般可达2米，老茎灰褐色，当年生枝黄褐色。二回三出羽状复叶，互生。花单生茎顶，花径 10～30 厘米，花色有白、黄、粉、红、紫及复色，有单瓣、复瓣、重瓣和台阁型花。花萼有 5 片。牡丹的分类方法很多，按株型可分为直立型、开展型和半开张型；按芽型可分为圆芽型、狭芽型、鹰嘴型和露嘴型；按分枝习性可分为单枝型和丛枝型；按花色可分为白、黄、粉、红、紫、墨紫（黑）、雪青（粉蓝）、绿和复色；按花期可分为早花型、中花型、晚花型和秋冬型（有些品种有二次开花的习性，春天开花后，秋冬可再次自然开花，即称为秋冬型）；按花型可分为系、类、组、型四级。四个系即牡丹系、紫斑牡丹系、黄牡丹系和紫牡丹系；两个类即单花类和台阁花类；两个组即千层组和楼子组；组以下根据花的形状分为若干型，如单瓣型、荷花型、托桂型、皇冠型等。

图 1-6-4　牡丹花示意图（一）

图 1-6-5　牡丹花示意图（二）

牡丹花又名鹿韭、木芍药、花王、洛阳王、富贵花。牡丹花互生，叶片通常为三回三出复叶，枝上有披针，呈卵圆、椭圆等形状，顶生小叶常为 2～3 裂，叶上面为深绿色或黄绿色，背面为灰绿色，光滑或有毛；总叶柄长 8～20 厘米，表面有凹槽；花单生于枝顶，有白、黄、粉、红、黄、紫红、墨紫、雪青、绿、复色。其中以黄为贵。

九、思维拓展

利用此雕刻技法还可以制作出这样的盘饰（图 1-6-6）。

单元一　盘饰制作

图 1-6-6　思维拓展示意图
(a) 盘饰一；(b) 盘饰二；(c) 盘饰三；(d) 盘饰四

任务七　盘饰抖手牡丹花的制作

一、任务描述

在冷菜厨房环境中，利用芋头、黄瓜、胡萝卜等原料，通过旋刀刻、直刀切等技法，完成抖手牡丹花的雕刻与盘饰。此盘饰可用于装饰炸菜、炒菜、爆菜等无油、无汁的菜。

二、学习目标

（1）掌握盘饰原料芋头、黄瓜、胡萝卜的选料及颜色的搭配。

（2）会用旋刀刻技法雕刻抖手牡丹花，旋刀刻的要求是运刀线路为弧线，旋出的面也是带圆弧形的面，方法与削苹果皮相同。

（3）巩固直刀切技法及戳刀刻技法，完成盘饰。

（4）通过完成抖手牡丹花盘饰制作任务，培养学生的审美能力。

三、成品质量标准

盘饰抖手牡丹花成品如图 1-7-1 所示。

图 1-7-1　盘饰抖手牡丹花成品

抖手牡丹花盘饰造型逼真，花瓣呈锯齿波浪状，花瓣前 2 层每层 5 瓣，花瓣螺旋至花心，雕刻手法细腻传神，去料均匀，层次分明。盘饰组合造型合理，突出牡丹花主题，色彩搭配合理。

四、知识与技能准备

制作盘饰抖手牡丹花的具体过程如下。

1. 造型设计

选用九寸鱼盘，运用边角点缀法将雕刻好的抖手牡丹花和用芋头雕刻的枯树及点缀在树边的蘑菇摆在盘子中的一角，完成盘饰。

2. 立雕与盛器的配合

食品雕刻应用于菜肴的点缀中时，应高矮适宜，特别是放在盘边的立体雕刻，若太高，而菜肴分量不太多，且盘子又小，则给人以重心不稳的感觉；若太矮，又不利于造型和表现主体。食雕高矮与盘大小之间的比例最好掌握在 3∶5～5∶8 为宜。菜肴的分量、色泽可以给人不同的感觉，但若食雕高，而菜肴分量足，色泽深，同样也能达到均衡的效果。另外，若将食雕摆放于整盘中央，其不稳定的感觉也就没有了。

3. 雕刻刀法

雕刻刀法——旋刀刻如图 1-7-2 所示。

4. 抖手牡丹花的技能点

（1）雕刻抖手牡丹花时花心的直径和深度均为坯体最粗直径的 1/3。初学者往往把花心刻得过小、过浅，从而导致花心太小、上凸，花瓣太浅、不自然。

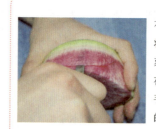

旋刀刻根据所使用的工具不同而略有区别。用菜刀或打皮刀旋，主要是将原料的表皮或粗皮去净。而食品雕刻中所使用的旋，主要是指用雕刻刀在原料上从左至右去料或成型的一种手法。在旋的过程中，应注意持刀手的大拇指应抵住原料，使运刀更稳而且下刀更准，这样作品表皮更加光滑。

图 1-7-2　雕刻刀法——旋刀刻

（2）刻花心时要让刀逆时针运动（若左手持刀则相反）。

（3）去废料时，一定要使刀尖的运动轨迹在上一层花瓣的根线上，否则废料不能一次性割断。

（4）要控制刀尖，任何时候刀尖都应指向花心的底线。同时，去废料时要逐渐增厚，不能舍不得去废料。初学者往往不管刻了多少层，刀尖都始终朝下，导致花瓣太厚，这样就达不到往下垂的效果。

五、工作过程

1. 选料

胡萝卜、黄瓜、芋头（图 1-7-3）、食用色素。

2. 工具准备

本次用到的工具有片刀和拉线刀（图 1-7-4）以及雕刻刀和戳刀。

芋头

原产于印度，中国以珠江流域及台湾地区种植最多，长江流域次之。芋头是多年生块茎植物，常作一年生作物栽培。叶片盾形，叶柄长而肥大，绿色或紫红色；植株基部形成短缩茎，逐渐累积养分，肥大成肉质球茎，因此称为芋头。

图 1-7-3　芋头

| 任务七　盘饰抖手牡丹花的制作 | 51

片刀
该刀刚柔兼备，锋利无比，薄如轻纱，透明照人。
应选择刀锋笔直，刀把与刀身连接紧实，表面无残缺的片刀使用。

拉线刀
拉线刀使用有机玻璃制作刀柄，呈 15 厘米长的圆柱形，前端带有一 U 型不锈钢刀片。

图 1-7-4　片刀和拉线刀

3．抖手牡丹花雕刻步骤

抖手牡丹花雕刻步骤如图 1-7-5 所示。

取一个芋头将其修成半球形。

用 U 型刀在其顶部中间转一圈。

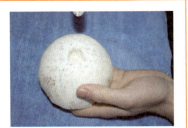

把中心顶部的圆取出，深度约为 1.5 厘米。

工艺关键：雕刻抖手牡丹时花心的直径和深度均为坯体最粗直径的 1/3。初学者往往把花心刻得过小、过浅，从而导致花心太小、上凸，花瓣太浅、不自然。

再用旋刀刻手法刻出锯齿状的第一个花瓣。

用相同的刻法刻出与第一瓣相对应的花瓣。

在两瓣之间以 70 度角下刀取出废料，再旋下一瓣花瓣位置。

工艺关键：刻花心是要让刀逆时针运动（若左手持刀则相反）。去废料时，一定要使刀尖的运动轨迹在上一层花瓣的根线上，否则废料不能一次性割断。

图 1-7-5　抖手牡丹花雕刻步骤

在旋好的这个面上旋出第二个花瓣。	如此反复向下旋刻，以每层20度角的变化向下交错旋转。	旋刻至四五层花瓣逐渐向下翻，角度逐渐成180度。

工艺关键：要控制刀尖，任何时候刀尖都应指向花心的底线。同时，去废料时要逐渐增厚，不能舍不得去废料。初学者往往不管刻了多少层刀尖都始终朝下，导致花瓣太厚，这样就达不到往下垂的效果。

最后一层花瓣下刀应成180度，花瓣与刀平行。	去掉底部余料。	抖手牡丹花雕刻完成。

图 1-7-5　抖手牡丹花雕刻步骤（续）

4. 抖手牡丹花盘饰制作过程

抖手牡丹花盘饰制作过程如图 1-7-6 所示。

取一块芋头切成呈圆柱体。	用片刀修出树桩大致的形状。

工艺关键：用片刀把芋头修切成树桩时，应上细下粗。

用雕刻刀把树桩边上的树杈刻出来。	再用雕刻刀在树桩上划出裂痕，使其显得有年代感。

工艺关键：雕刻木桩时应用拉线刀刻出树皮的自然质感。

图 1-7-6　抖手牡丹花盘饰制作过程

 取一段厚度约为2厘米的芋头片，边缘修平滑。	 用拉线刀将其中一面掏空，但不穿透，呈蘑菇状。
工艺关键：雕刻蘑菇时应刻得有大有小，这样摆在树桩边才显得自然。	
 将修好的树桩蘑菇粘在一起。	 将黄瓜切成梳子块，用来制作花叶。
工艺关键：用拉刀切的方法将蘑菇切成梳子块，刀距要均匀精细。	
 将雕好的牡丹花放入食用色素中浸泡。	 20分钟后取出上完颜色的牡丹花并沥干水分。
 取一小段胡萝卜制作花心，直接放进花中。	 完成花心的雕刻。
 将切好的花叶和牡丹花组装在一起。	 这样抖手牡丹花盘饰就制作完成了。

图 1-7-6　抖手牡丹花盘饰制作过程（续）

5．保鲜

将雕刻好的抖手牡丹花放在清水中浸泡30分钟，然后用保鲜膜包裹严实，放在冰箱的冷藏室中。

六、评价参考标准

抖手牡丹花盘饰评价标准

评价内容	评价标准	配分	自评得分	互评得分
色泽	色泽艳丽，浓淡适宜	20		
雕刻手法	熟练准确，去料角度与深度恰当	20		
成品标准	形态逼真，花瓣呈锯齿波浪状，花瓣前2层每层5瓣，花瓣螺旋至花心，符合牡丹花花瓣呈锯齿状、自然美的要求	20		
装盘	装盘形态饱满，色、形、量与盛装器皿搭配协调，造型美观	20		
卫生	原材料新鲜，操作工具、盛装器皿洁净卫生，操作过程严格按照"五专"的要求	20		
教师综合评价				

七、检测与练习

（一）基础知识练习

1．雕刻抖手牡丹花采用了_____、_____的雕刻方法。

2．切制黄瓜、胡萝卜属于_____性质的原料。

3．片刀握刀的要求是_____、_____、_____。

（二）动手操作

1．搜集牡丹图片并分析牡丹花形态特征。

2．试用其他果蔬雕刻一朵牡丹花。

八、知识链接

牡丹花（图1-7-7）原产我国西北部。直到现在陕西、甘肃、四川、山西、河南等地还有野生牡丹的自然分布。牡丹虽能在全国栽培，但以在黄河流域、江淮流域各省市栽培为宜。

牡丹花花大色艳、雍容华贵、富丽端庄，素有"国色天香""花中之王"的美称，寓示着吉祥、圆满、富贵、繁荣、兴旺。根皮对于咽炎引起的咽痒、咽干、刺激性咳嗽等症，效果良好。牡丹的茎、叶可以治疗血瘀病，花朵可供观赏，许多城市都可以见到它的身影。它的根可以入药，也可以叫它丹皮，入药后可以治疗高血压，除伏火，清热散瘀，去痛消肿。它的花瓣可以食用，并且味道鲜美。

赏牡丹

唐·刘禹锡
庭前芍药妖无格，
池上芙蓉净少情；
唯有牡丹真国色，
花开时节动京城。

图1-7-7　知识链接示意图

九、思维拓展

利用此雕刻技法还可以制作出这样的盘饰（图1-7-8）。

（a）　　　　　　　　　　　　（b）

图1-7-8　思维拓展示意图
（a）盘饰一；（b）盘饰二

图 1-7-8 思维拓展示意图（续）
（c）盘饰三；（d）盘饰四

任务八 盘饰荷花的制作

一、任务描述

在冷菜厨房环境中,利用心里美萝卜、芋头、卫青萝卜等原料,先通过弧形刻完成雕刻,再利用堆、排的方法完成盘饰。此盘饰可用于装饰爆菜、冷菜等。

二、学习目标

(1)掌握盘饰原料卫青萝卜、芋头、黑醋汁的选料及颜色的搭配。

(2)会用直刀刻技法雕刻荷花,弧形刻要求持刀手的大拇指抵住原料,使运刀稳,呈弧线形。

(3)巩固直刀剖技法,完成盘饰。

(4)通过完成荷花盘饰制作任务,培养学生的颜色搭配能力。

三、成品质量标准

盘饰荷花成品如图 1-8-1 所示。

四、知识与技能准备

制作盘饰荷花的具体过程如下。

用心里美萝卜雕刻出荷花的盘饰,其造型逼真,每层5瓣花瓣,多数为3~4层,花瓣为桃形勺状,莲蓬成鼓形。旋刀刻手法细腻传神,去料均匀,层次分明。花姿端庄,花色清丽,出尘离染。

图 1-8-1 盘饰荷花成品

1. 造型设计

选用九寸圆盘,运用直刀切、直刀剖的方法将卫青萝卜修切成篱笆形,再与雕刻好的荷花摆成一幅塘边荷花的小景。

2．花卉雕刻的要点

（1）根据所雕刻对象的自然色泽选择原料。

各种花卉都有其自身的色泽，在雕刻时最好选用与其色泽相同或相近的原料进行雕刻。如雕刻梅花时选用胡萝卜，因其外红心黄，外层正好可以表现花瓣的色彩，黄心则作梅花的花蕊；又如乳白色的玉兰花可以用土豆制作，因土豆雕刻完毕用清水泡后，其色泽会变成乳白色；再如马蹄莲宜选用乳白色的香芋雕刻。

（2）选择原料应注意质地。

一般选用质地细嫩、坚实不空的原料，这类原料透光性比较强，雕刻后给人以光滑、轻薄的感觉，如萝卜、南瓜、土豆、青笋等。

（3）要注意原料的柔韧性。

由于所有的原料都有柔韧性，所以多数花卉雕刻完毕放入清水中浸泡后，由于原料吸水，花瓣向外翻卷，从而使雕刻好的花形比下的坯料大。所以在雕刻时，出坯应比雕好后想要的体积稍小一点，这样待雕刻好泡水完毕，其花瓣外翻，才能达到想要的效果。

（4）雕刻的花瓣宜上薄下厚。

如果雕的花瓣上下薄厚一致，容易折断，而且不利于花瓣吸水后外翻，立体感不强。下面厚上面薄，这样做出的花瓣较薄，又不易折断，质感也好。

（5）花卉雕刻要注意分瓣均匀，避免雕刻出的花瓣大小不一。

3．荷花的技能点

（1）刻中心莲蓬时要让刀逆时针运动（若左手持刀则相反）；否则，初学者容易将其刻成倒圆台（上大下小），导致花心太小。

（2）去废料时，一定要使尖刀的运动轨迹在上一层花瓣的根线上；否则，废料不能一次性割断。

（3）每片花瓣从花瓣尖端到花瓣根部都要厚薄均匀，不能像其他花卉那样往根部逐渐增厚。

（4）荷花花瓣要饱满，不能刻成瘦长形状。

五、工作过程

1．选料

心里美萝卜或白萝卜、卫青萝卜、长柄老南瓜等。

2. 工具准备

雕刻刀和木刻刀（图1-8-2）。

木刻刀

木刻刀为食品雕刻常用刀，刀头为锰钢，有V型和U型，比食品雕刻的U型刀和V型刀要小，刃较厚，主要用于雕刻戳刀不便于操作的凹面或狭小空间线条，也可用于一些较密集线条的雕刻，如动物的毛发、人的胡须等。

图1-8-2　木刻刀

3. 荷花雕刻步骤

荷花雕刻步骤如图1-8-3所示。

将心里美萝卜修成六瓣。

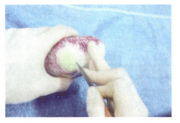

在其中一瓣上画出一个桃形。

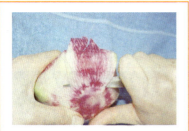

用直刀刻的方法刻下第一个花瓣。

工艺关键：荷花的雕刻分制胚、刻第一层花瓣、刻第二层花瓣、刻第三层花瓣、取荷花、装莲心并修整六个步骤。注意，荷花花瓣要饱满，不能刻成瘦长形状，从花瓣尖端到花瓣根部都要厚薄均匀，不能像其他花卉那样往根部逐渐增厚。

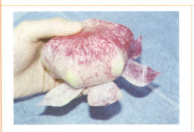

使用同样的方法将第一层花瓣刻下。

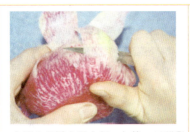

在两个花瓣之间去料，与第一层花瓣一样。

用雕刻刀在花瓣上用同样的方法画出一个桃形并刻出第二层花瓣。

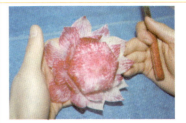

用同样的方法刻出第三层花瓣。

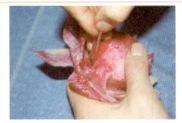

用V型戳刀戳出花蕊。

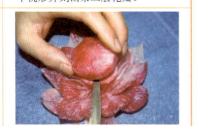

将多余的料去掉，然后留下1厘米制作莲蓬。

图1-8-3　荷花雕刻步骤

工艺关键:去废料时,一定要使尖刀的运动轨迹在上一层花瓣的根线上,否则,废料不能一次性割断。要控制刀尖任何时候都指向小圆柱的底线。同时,去废料要逐渐增厚,不能舍不得去废料。初学者往往不管刻了多少层,刀尖都始终朝下,这样会导致花瓣太厚,并且花瓣始终朝上,达不到花盛开的效果。

用U型戳刀在莲蓬上戳出莲子。

在卫青萝卜片上用小号U型戳刀戳出莲子。

最后将莲子镶在莲蓬上,这样荷花就制作完成了。

工艺关键:刻中心莲蓬时要让刀逆时针运动(若左手持刀则相反);否则,初学者容易将其刻成倒圆台(上大下小),导致花蕊太小。

图1-8-3 荷花雕刻步骤(续)

4. 荷花盘饰制作过程

荷花盘饰制作过程如图1-8-4所示。

用卫青萝卜刻出荷叶,荷叶呈上下起伏形。

将芋头修成莲藕形状。

用片刀在厚约0.6厘米的片上斜刀45度下刀至中心。

工艺关键:荷叶应呈碟状,雕刻时应自然弯曲,雕刻藕时最好分成两节,以体现由粗变细的外形特色。

将切好的卫青萝卜两侧各片开1/3处即可。

用黑醋汁在盘边自然地甩出线条。

将荷花、荷叶、藕摆在盘边。

把切好的篱笆围墙摆在荷花两侧。

这样荷花盘饰就制作完成了。

工艺关键:用黑醋汁甩线时,要自然流畅。

图1-8-4 荷花盘饰制作过程

5．保鲜

将雕刻好的荷花放在清水中浸泡约 20 分钟，然后沥干水分，用保鲜膜包裹严实，放在冰箱的冷藏室中。

六、评价参考标准

荷花盘饰评价标准

评价内容	评价标准	配分	自评得分	互评得分
色泽	色泽艳丽，浓淡适宜	20		
雕刻手法	熟练准确，去料角度与深度恰当	20		
成品标准	形态逼真，每层5瓣花瓣，多数为3～4层，花瓣为桃形勺状，莲蓬成鼓形。旋刀刻手法细腻传神，去料均匀，层次鲜明，花姿端庄，花色清丽，出尘离染，清洁无瑕	20		
装盘	装盘形态饱满，色、形、量与盛装器皿搭配协调，造型美观	20		
卫生	原材料新鲜，操作工具、盛装器皿洁净卫生，操作过程严格按照"五专"的要求	20		
教师综合评价				

七、检测与练习

（一）基础知识练习

1．雕刻荷花适宜的原料还有_____、_____、_____、_____。

2．荷花的莲蓬外有一层细的花蕊可用_____刀来雕刻。

3．荷花的开放时间是_____月。

（二）动手操作

1．写出雕刻荷花制作流程。

2．试用其他果蔬雕刻一朵荷花。

八、知识链接

荷花（图 1-8-5）是澳门特别行政区的区花，

图 1-8-5　荷花示意图

也是有"泉城"美誉的山东省会济南和孔孟之乡济宁以及广西壮族自治区"荷城"贵港的市花。在济南三大名盛之一的大明湖里有十多种上好的荷花，苏州的园林（比如拙政园）里，也有许多婀娜多姿的荷花，像仙女一样，亭亭玉立，香远益清。

荷花（图 1-8-6）又名莲花、水芙蓉等，属睡莲科多年生水生草本花卉。地下茎长而肥厚，有长节，叶盾圆形。花期 6—9 月，单生于花梗顶端，花瓣多数，嵌生在花托穴内，有红、粉红等多种颜色，或有彩文、镶边。荷花种类很多，分观赏和食用两大类，原产亚洲热带和温带地区，我国早在周朝就有栽培记载。荷花果实椭圆形，种子卵形，全身皆宝，藕和莲子能食用，莲子、根茎、藕节、荷叶、花及种子的胚芽等都可入药。其出淤泥而不染之品格恒为世人称颂。陈志岁《咏荷》诗曰："身处污泥未染泥，白茎埋地没人知。生机红绿清澄里，不待风来香满池。"

江南

汉乐府

江南可采莲，莲叶何田田。
鱼戏莲叶间。
鱼戏莲叶东，鱼戏莲叶西。
鱼戏莲叶南，鱼戏莲叶北。

图 1-8-6　知识链接示意图

九、思维拓展

利用此雕刻技法还可以制作出这样的盘饰（图 1-8-7）。

图 1-8-7 思维拓展示意图
（a）盘饰一；（b）盘饰二；（c）盘饰三；（d）盘饰四

任务九　盘饰瓜盅的制作

一、任务描述

在冷菜厨房环境中，利用无籽黑美人西瓜原料，通过戳、切、刻、画、镂刻等刀法完成冷菜装饰品瓜盅的雕刻。此盘饰可用于自助餐水果装饰等。

二、学习目标

（1）掌握盘饰原料无籽黑美人西瓜的选料及颜色的搭配。

（2）会用戳、切、刻、画、镂刻等综合技法完成瓜盅的雕刻，了解瓜盅的构图要求和阳纹雕的特点。

（3）巩固戳刀刻技法，完成盘饰。

（4）通过完成瓜盅盘饰制作任务，培养学生的颜色搭配能力。

三、成品质量标准

盘饰瓜盅成品如图1-9-1所示。

四、知识与技能准备

制作盘饰瓜盅的具体过程如下。

1．造型设计

利用无籽黑美人西瓜，用阳纹雕刻的方法雕刻出牡丹花及各种吉祥图案。瓜盅的表现手法有两种，一种是阴纹雕，一种是阳纹雕。阴纹雕是一种直接在瓜皮表面将所雕图案、纹样的线条去掉，以白色的皮来表现图案或纹样的雕刻方法。这种雕刻方法出品速度快，但图案不够清晰。阳纹雕是一种将图案、纹样以外的部分去掉，用白色皮表现，而图案和纹样则以墨绿色的皮来表现的雕刻方法。这

瓜盅盘饰造型逼真，瓜体纹饰的牡丹花突起明显，瓜盖纹饰为尖瓣西番莲状，瓜盅底座回形纹雕刻手法细腻，去料均匀，层次分明。

图1-9-1　盘饰瓜盅成品

种雕刻方法制作出的图案或纹样线条突出，清晰明快，但制作时间较长。

2．雕刻刀法

旋刀刻。

3．瓜盅的技能点

在瓜雕过程中，如遇到比较复杂的图案，可先用水笔在瓜面上定位或画出草图。有时，为了增强立体感，在瓜雕中常用凸环雕的手法，它能使环突出于瓜体的表面，更添玲珑感。

瓜盅主要包括瓜体、瓜盖及底座三部分。瓜体是整个瓜盅中最重要的部分，也是表现瓜盅主题、盛装菜肴的部分，瓜盅的主要图案、纹样、文字均雕刻于此。瓜体上所雕刻的图案可以起到表明办宴主题的作用，而底座在瓜盅中起支撑瓜体的作用，也可以雕刻部分团或纹样，但其造型不可过细，以免坍塌。

五、工作过程

1．选料

无籽黑美人西瓜2个。

2．工具准备

手刀、圆口戳刀、V型戳刀、分规、片刀。

刀具：雕刻瓜盅辅助工具——分规，如图1-9-2所示。

分规类似于平常用的圆规，与圆规不同的是其两只脚均为金属尖。分规可以用于雕刻瓜盅、瓜灯时的定位、画圆；同时也可用于确定雕刻作品物象的比例。

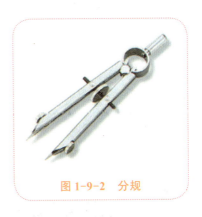

图1-9-2　分规

3．瓜盅雕刻步骤

瓜盅雕刻步骤如图1-9-3所示。

用中号U型戳刀将西瓜戳下。

用拉线刀沿边拉出两条线。

用拉线刀画出回字文。

工艺关键：戳刻瓜盅底座回形纹时粗细和深浅应一致。

图1-9-3　瓜盅雕刻步骤

单元一　盘饰制作

 用 U 型戳刀在底部戳出四条腿。	 在每条腿上刻出心形并抠下。	 将中间多余的西瓜果肉取出。
 将西瓜顶部画出回字文并去皮。	 用大号 U 型戳刀在西瓜顶部转出约 0.5 厘米的圈。	 在西瓜顶部刻出西番莲花纹。

工艺关键：瓜盅顶部的回形纹图案要戳刻得深浅一致，去西瓜果肉的量要适宜。

 用直径约 5 厘米的圆形模具在西瓜中上部按出一个深约 1 厘米的圆。	 在圆中刻出牡丹花。	 按照刻牡丹手法画出牡丹花的第一个花瓣并将其刻下。

工艺关键：牡丹花雕刻方法选用浮雕的雕刻方法，从花蕊雕刻至外侧花瓣要自然流畅，花心垂直，外形花瓣约呈 180 度。瓜盅的瓜盖和西番莲的戳刻方法一样，花瓣应由大变小。

 第二层在两个花瓣中间开出花瓣。	 使花瓣逐渐增大并向下翻，具有层次感。	 在花瓣侧面刻画出花叶并戳出叶脉。
 最后空余地方戳出放射状线条并组装好。	工艺关键：雕刻花瓣时，应雕刻出由深至浅的效果，而且花瓣的外边缘应呈锯齿状，弧形花瓣呈波浪状并向外翻。	

图 1-9-3　瓜盅雕刻步骤（续）

4．保鲜

将雕刻好的瓜盅放在清水中浸泡约 20 分钟，然后沥干水分，用保鲜膜包裹严实，放在冰箱的冷藏室中。

六、评价参考标准

瓜盅盘饰评价标准

评价内容	评价标准	配分	自评得分	互评得分
色泽	色泽艳丽，浓淡适宜	20		
雕刻手法	熟练准确，去料角度与深度恰当，牡丹花凸起明显	20		
成品标准	形态逼真，瓜盖、瓜体、瓜盅底座、回形纹雕刻线条优美	20		
装盘	装盘形态饱满，色、形、量与盛装器皿搭配协调，造型美观	20		
卫生	原材料新鲜，操作工具、盛装器皿洁净卫生，操作过程严格按照"五专"的要求	20		
教师综合评价				

七、检测与练习

（一）基础知识练习

1．可以制作瓜盅的原料有_____、_____、_____、_____。

2．瓜盅是由_____、_____、_____构成。

3．瓜盅的表现手法有_____、_____、_____。

（二）动手操作

1．写出雕刻瓜盅制作流程。

2．试用其他果蔬雕刻一个瓜盅。

八、知识链接

西瓜（图 1-9-4）属葫芦科，原产于非洲。西瓜是一种双子叶开花植物，形状像藤蔓，叶

图 1-9-4　西瓜示意图

子呈羽毛状。它所结出的果实是瓠果,为葫芦科瓜类所特有的一种肉质果,是由3个心皮具有侧膜胎座的下位子房发育而成的假果。西瓜主要的食用部分为发达的胎座。果实外皮光滑,呈绿色或黄色,有花纹,果瓤多汁,为红色或黄色。

九、思维拓展

利用此雕刻技法还可以制作出这样的盘饰(图1-9-5)。

图1-9-5 思维拓展示意图
(a)盘饰一;(b)盘饰二;(c)盘饰三;(d)盘饰四;(e)盘饰五;(f)盘饰六

任务十 盘饰翠鸟的制作

一、任务描述

在冷菜厨房环境中,利用胡萝卜、卫青萝卜、红菜头、南瓜等原料,先通过旋刀刻、直刀刻、弧形刻、戳刀刻等混合刀法完成翠鸟的雕刻,再利用拼装黏结的方法将一只站在枝头的翠鸟制成盘饰。此盘饰可用于装饰造型菜、高档浇汁菜等。

二、学习目标

(1)掌握盘饰原料南瓜、卫青萝卜、红菜头的选料及颜色的搭配。
(2)会用旋刀刻、直刀戳等组合刻法雕刻翠鸟,并能运用零雕整装。
(3)巩固直刀戳技法,完成盘饰。
(4)通过完成翠鸟盘饰制作任务,培养学生的颜色搭配能力。

三、成品质量标准

盘饰翠鸟成品如图1-10-1所示。

四、知识与技能准备

制作盘饰翠鸟的具体过程如下。

翠鸟盘饰造型逼真,头、颈、躯干、翅膀、腿、爪、尾巴形态、结构做到比例恰当。雕刻手法细腻传神,去料均匀,层次分明。

图1-10-1 盘饰翠鸟成品

1.造型设计

选用直径为53厘米的暗黄色圆盘,利用胡萝卜雕刻成翠鸟,再利用卫青萝卜、红菜头、南瓜等原料雕刻出树权和树上的花朵。然后用黏结的方法拼接成翠鸟的盘饰。

(1)鸟类雕刻的特性。

①雕刻比例恰当。掌握好雕刻对象的形态、结构,做到比例恰当。只有对雕

刻对象的形态、结构熟悉以后，才能做到下刀有数，形态完美，形象生动。如果对雕刻对象不熟，就不能准确地表现其形态和特征。

②雕刻手法神似。各种鸟都是由头、颈、躯干、翅膀、腿、爪、尾巴等几个部分构成的，所以在掌握了一种鸟的雕刻方法后，所有的鸟都可以用同样的方法雕刻，只是在雕刻时体现出不同的鸟的体貌特征即可。

（2）根据雕刻内容确定原料。

先定内容、后选原料的这一方法比较常用。一般依据办宴的目的、意义和菜肴的名称、用料来确定雕刻的内容，然后根据需要（如需要雕刻品的大小、色泽、质感等因素）选择雕刻所用原料。

根据原料，确定内容。这种方法，多用于熟练工进行食品雕刻创作。创作时，先随意拿起一个原料，对其外形认真观察，以激发雕刻灵感，根据原料自身的外形，确定这个原料适合的雕刻内容。

①翅膀羽毛的处理。用戳刀将羽毛戳出后，放于白矾水中浸泡，原料吸足水后，便向上翘起，并有向后卷曲之感。从而使羽毛的层次更分明，更具活力，也使翅膀显得更轻、更生动。

②雕刻时合理取舍。在雕刻鸟类时要注意把握鸟的基本结构特征，做到结构合理、形象生动、比例协调。

2．雕刻翠鸟的技能点

（1）雕刻所用手法及刀法。

组装雕刻是指用两块或者两块以上原料分别雕刻成型，然后组装成完整物体的形象。其拼装可以用插竹签，拼榫头，或施以适当的黏合剂来完成。用此方式雕刻，要求创作者有整体观念，有计划地进行分体雕刻，要经过整体、局部、统一这三个步骤。

①雕刻前后在原料上初步定出整体形象的大体位置。

②按各部位结构关系来进行分体局部刻画。

③统一衔接并拼装，然后再加以修饰。

组装雕刻艺术性较强，但有一定难度，要求创作者具有一定的审美水平并掌握一定的艺术造型知识及刀工技巧。

（2）雕刻翠鸟各部位注意事项。

①刻鸟嘴时，每一刀都要略带向上弯曲的弧度，以避免出现向下弯曲的弧度。

初学者一定要注意把鸟嘴刻得厚实一些，防止出现扁嘴现象，从嘴尖到嘴根应逐渐增厚。

②颈部的任何部位都要比鸟的头部粗，即从鸟头到躯干是逐渐呈弧形增粗的，不能出现比头部还细的颈部，而且颈部也不能太长。

③翅膀应紧接颈部，不能脱节，也不能太靠后。

翅膀上的羽毛每一根都应该弧形朝向脊背，防止出现根根不平地朝向尾部的现象。

④腿部初刻要粗直，忌细软；刻画腿部轮廓时线条要直，关节处要略粗，且划线时刀身略往上倾斜。

五、工作过程

1. 选料

胡萝卜4根。

2. 工具准备

挖球刀（图1-10-2）、手刀、片刀、V型戳刀、U型戳刀。

挖球刀
挖球刀是食品雕刻中常用的雕具之一，是一种将水果、萝卜等脆性原料挖成球状的刀具。

图1-10-2 挖球刀

3. 翠鸟雕刻步骤

翠鸟雕刻步骤如图1-10-3所示。

用雕刻刀在胡萝卜上去除呈弧形的料。

然后再画出鸟尾巴的形状。

将每片羽毛两边的料去除，使其凸出。

工艺关键：雕刻鸟尾应结构合理、形象生动、比例协调。

用雕刻刀将鸟尾刻下来。

修整一下。

将两块卫青萝卜粘在一起备用。

图1-10-3 翠鸟雕刻步骤

单元一 盘饰制作

用雕刻刀在卫青萝卜上刻出翅膀弧度。

将翅膀边修圆并使其呈斧子形。

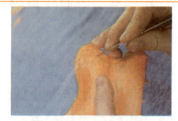
用雕刻刀在翅膀上刻出第一层羽毛。

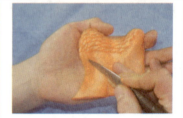
再刻出第二层羽毛。

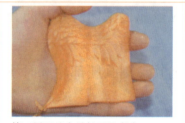
第三层羽毛应最长而且有尖。

将刻好的翅膀取下,再用同样的方法刻出另一个翅膀。

工艺关键:翅膀的每根羽毛都应该弧形朝向脊背,防止出现根根不平地朝向尾部的现象。

翅膀雕刻完毕。

用两块卫青萝卜粘成翠鸟身子。

将粘好的卫青萝卜修整成翠鸟形态。

在翠鸟头部较靠上的位置修出嘴和眼睛。

用雕刻刀刻出羽毛。

将戳下的尾部羽毛废料取下。

工艺关键:刻鸟嘴时,每一刀都要略带向上弯曲的弧度,千万避免出现向下弯曲的弧度。初学者一定要注意把鸟的嘴刻得厚实一些,防止出现扁嘴、从嘴尖到嘴根逐渐增厚的现象。颈部的任何部位都要比鸟的头部粗,即鸟头到躯干是逐渐呈弧形增粗的,不能出现比头部还细的颈部,而且颈部也不能太长。

将尾部废料完全去除后,翠鸟身体就雕刻好了。

工艺关键:腿部初刻时要粗直,忌细软;刻画腿部轮廓时线条要直,关节处要略粗,而且划线时,刀身略往上倾斜。

图 1-10-3 翠鸟雕刻步骤(续)

4. 翠鸟盘饰制作过程

翠鸟盘饰制作过程如图 1-10-4 所示。

用卫青萝卜刻出树杈。

用红菜头刻出梅花。

用胡萝卜刻出假山的形状，然后拼接在一起。

工艺关键：要掌握好山石的中心点，避免翠鸟盘饰在端盘时倒塌损坏。

将雕刻好的树杈用 502 胶水拼接在假山上。

用胶水将雕好的翠鸟拼接好。

将翠鸟和树杈黏结在一起。

将雕刻好的梅花黏结在树杈上。

翠鸟盘饰制作完毕。

工艺关键：拼装时注意色彩的搭配，翠鸟、山石、树干层次分明，形成鲜明的对比。

图 1-10-4　翠鸟盘饰制作过程

5．保鲜

将雕刻好的翠鸟放在清水中浸泡 20 分钟，然后沥干水分，用保鲜膜包裹严实，放在冰箱的冷藏室中。

六、评价参考标准

翠鸟盘饰评价标准

评价内容	评价标准	配分	自评得分	互评得分
色泽	色泽艳丽，浓淡适宜	20		
雕刻手法	熟练准确，去料角度与深度恰当	20		
成品标准	形态逼真，符合鸟类自然美的要求	20		
装盘	装盘形态饱满，色、形、量与盛装器皿搭配协调，造型美观	20		
卫生	原材料新鲜，操作工具、盛装器皿洁净卫生，操作过程严格按照"五专"的要求	20		
教师综合评价				

七、检测与练习

（一）基础知识练习

1. 鸟由_____、_____、_____、_____、_____、_____、_____构成。

2. 鸟类的特征是_____。

3. 鸟类的翅膀分为_____、_____、_____三层。

（二）动手操作

1. 写出雕刻翠鸟制作流程。
2. 试用其他果蔬雕刻一只翠鸟。

八、知识链接

喜鹊（图1-10-5）属雀形目鸦科鹊属，又名鹊。体形特点是头、颈、背至尾均为黑色，并自前往后分别呈现紫色、绿蓝色、绿色等光泽。双翅黑色而在翼肩有一大形白斑。尾远，较翅长，呈楔形；虹膜是褐色的；嘴是黑色；脚是黑色。腹面以胸为界，前黑后白。体长435～460毫米。雌雄羽色相似。幼鸟羽色似成鸟，但黑羽部分染有褐色，金属光泽也不显著。

图 1-10-5　喜鹊示意图
（a）喜鹊一；（b）喜鹊二；（c）喜鹊三；（d）喜鹊四

九、思维拓展

利用此雕刻技法还可以制作出这样的盘饰（图 1-10-6）。

图 1-10-6　思维拓展示意图
（a）盘饰一；（b）盘饰二；（c）盘饰三；（d）盘饰四

任务十一 盘饰神仙鱼的制作

一、任务描述

在冷菜厨房环境中，利用南瓜、芋头、西瓜皮等原料，通过直刀刻、旋刀刻及戳刀刻等技法，完成"神仙鱼"的雕刻与盘饰。此盘饰可用于装饰炸菜、炒菜、白汁菜、扒菜等。

二、学习目标

（1）掌握盘饰原料南瓜、芋头、西瓜皮的选料及颜色的搭配。
（2）会用直刀刻技法雕刻神仙鱼，直刀刻的要求是运刀线路为直线。
（3）巩固直刀推切及直刀拉切技法，完成盘饰。
（4）通过完成神仙鱼盘饰制作任务，培养学生的构图能力。

三、成品质量标准

盘饰神仙鱼成品如图 1-11-1 所示。

神仙鱼盘饰造型逼真，头与身体的比例为 1/3，鳞片呈椭圆形并以 2+1 的规律排列。体态菱形，雕刻手法细腻。盘饰组合合理，突出主题，色彩搭配合理。

图 1-11-1　盘饰神仙鱼成品

四、知识与技能准备

制作盘饰神仙鱼的具体过程如下。

1. 造型设计

选用一尺①二寸海蓝色圆盘，利用南瓜雕刻成神仙鱼，再利用芋头、西瓜皮等原料雕刻珊瑚和海草。然后用黏结的方法拼接成神仙鱼的盘饰。

---

① 1 尺 ≈ 0.33 米。

神仙鱼是热带观赏鱼类。神仙鱼不但体形优美动人，而且游泳时姿态优雅，给人以庄严和温文尔雅的感觉。当它在水族箱内翩翩舞动时，如同仙女群起舞，令人赏心悦目。所以它一向被人们认为是热带之王和热带鱼的代表。

神仙鱼体长12～18厘米，体侧扁，呈菱形，宛如在水中飞翔的燕子，故又被称为"燕鱼"。背鳍、臀鳍均较大，位置几乎相对，中部鳍条很长，当展开时，挺拔如帆；腹鳍长，似仙女的彩衣飘带；尾鳍长，后缘近平形，上、下缘鳍条呈丝状延长。神仙鱼身体呈银白色，背部由棕色过渡至金色，体侧有4条黑色横带。

2．雕刻神仙鱼的知识点

水族类雕刻虽然不如花鸟那样五彩缤纷，但由于它们体型小巧玲珑，因此也深受人们喜爱。由于鱼、虾、蟹的造型比较小，雕刻比较简单，往往和其他作品组合在一起使用，很有诗情画意。

神仙鱼雕刻作品常用于餐桌上，作为海鲜类热菜的装饰品。其雕刻手法比较简单，只要了解基本雕刻方法和几个关键点，就能雕刻出栩栩如生的神仙鱼。

3．雕刻神仙鱼的技能点

神仙鱼头部的尺寸一般占鱼体的1/3，也可以适当大一些；鱼眼应点缀在鱼头的中上部。

神仙鱼的尾部和背鳍处理是作品成败的关键，尾部要突出平直的效果，背鳍也应适当大一些。

五、工作过程

1．选料

（1）南瓜1个：选用牛腿南瓜，质地坚韧、表皮橙黄带霜、瓜肉较生的为好。

（2）芋头1个：应采用表皮深棕，内心坚实不糠心，并带有细小的黑色斑点，水分及淀粉含量多，直径为12～15厘米，较重的为好。

（3）西瓜皮2块：应选用黑美人西瓜，皮色深绿，表皮光滑，水分含量多。

2．工具准备

水果刀（图1-11-2）、片刀、

水果刀持刀方法
中指、无名指、小拇指自然并列弯曲，用手掌握住刀柄，食指向前伸，自然弯曲，用第二骨节抵住刀身，第一指节扣住刀柄，大拇指向前伸直，捏住刀身同刀柄的连接处。

图1-11-2　水果刀

雕刻刀、U型戳刀、拉线刀。

3．神仙鱼雕刻步骤

神仙鱼雕刻步骤如图 1-11-3 所示。

取一块实心南瓜，切下约3厘米厚的一片。

在南瓜片上画出神仙鱼的样子。

用雕刻刀按照画好的线条将神仙鱼刻下来。

工艺关键：用雕刻刀的背面刻出神仙鱼的形状，这样便于雕刻下刀时准确地把握形状。改鱼形时应将其改成两头圆的纺锤形。

用雕刻刀将鱼边缘修薄呈斧子状并划出鳃盖。

用雕刻刀将鱼鳞刻出来，出一层去一次料。

用同样的方法将两面的鱼鳞都刻出来。

工艺关键：神仙鱼头部的尺寸一般占鱼体的1/3，也可以适当大一些；鱼眼应点缀在鱼头的中上部。

用V型戳刀在鱼鳍上戳出线条。

安装上鱼眼睛，完成神仙鱼的制作。

按照同样的方法，用芋头再雕刻一条神仙鱼备用。

工艺关键：神仙鱼的尾部和背鳍处理的好坏是作品成败的关键，因此尾部要突出平直的效果，背鳍也应适当大一些。

图 1-11-3　神仙鱼雕刻步骤

4．神仙鱼盘饰制作过程

神仙鱼盘饰制作过程如图 1-11-4 所示。

取一块芋头，刻成珊瑚的样子。

用牙签将两个珊瑚连接在一起。

工艺关键：雕刻珊瑚应呈不规则形状，用牙签穿插时注意要牢固。

图 1-11-4　神仙鱼盘饰制作过程

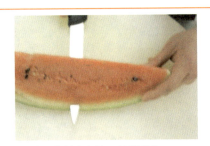 取一大块西瓜,将果肉去掉,只留下皮。	 在西瓜皮上刻出水草的样子。

工艺关键:去西瓜皮时,尽量片薄,展现水草的绿色。

 用雕刻刀将水草刻下备用。	 按照同样的方法刻出大小不一的水草若干备用。

工艺关键:刻出水草的叶子时要自然流畅。

 将神仙鱼与珊瑚粘在一起,摆在盘中。	 将水草按位置摆好。

工艺关键:插摆神仙鱼时要相互交错插摆,显得自然生动。

 最后整理好盘饰。	 神仙鱼盘饰就完成了。

工艺关键:选用蓝色盘子是为了配合菜肴的颜色,因为珊瑚鱼的颜色是橙红色的,与白、红、黄、蓝搭配相得益彰,堪称完美。

图 1-11-4　神仙鱼盘饰制作过程(续)

5．保鲜

将雕刻好的神仙鱼放在清水中浸泡 30 分钟,然后沥干水分,用保鲜膜包裹严实,放在冰箱的冷藏室中。

六、评价参考标准

神仙鱼盘饰评价标准

评价内容	评价标准	配分	自评得分	互评得分
色泽	色泽艳丽，浓淡适宜	20		
雕刻手法	熟练准确，去料角度与深度恰当	20		
成品标准	形态逼真，头与身体的比例为1/3，鳞片呈椭圆形并以2+1的规律排列。体态菱形	20		
装盘	装盘形态饱满，色、形、量与盛装器皿搭配协调，造型美观	20		
卫生	原材料新鲜，操作工具、盛装器皿洁净卫生，操作过程严格按照"五专"的要求	20		
教师综合评价				

七、检测与练习

（一）基础知识练习

1. 食品雕刻神仙鱼时鱼头占身体_____分之_____。
2. 神仙鱼鱼鳞呈_____状。
3. 雕刻神仙鱼用_____、_____、_____刀法。

（二）信息搜集

搜集神仙鱼图片及照片并分析鱼体结构。

（三）动手操作

1. 雕刻神仙鱼作品用什么原料最佳？
2. 试用其他果蔬雕刻一条神仙鱼。

八、知识链接

神仙鱼（图1-11-5）又名燕鱼、天使、小神仙鱼、小鳍帆鱼等，丽科鱼属，原产南美洲的圭亚那、巴西。神仙鱼长12～15厘米，高可达15～20厘米，头小而尖，体侧扁，呈菱形。背鳍

图1-11-5　神仙鱼示意图（一）

和臀鳍很长大，挺拔如三角帆，故有小鳍帆鱼之称。从侧面看神仙鱼游动，如同燕子翱翔，故神仙鱼又称燕鱼。

神仙鱼（图 1-11-6）的雌雄鉴别在幼鱼期比较困难，但是经过 8～10 个月进入性成熟期的成鱼，雌雄特性却十分明显，特征是：雄鱼的额头较雌鱼发达，显得饱满而高昂，腹部则不似雌鱼那么膨胀，而且雄鱼的输精管细而尖，雌鱼的产卵管则是粗而圆。由于神仙鱼属于喜欢自然配对的热带鱼类，配对成功的神仙鱼往往会脱离群体而成双入对地一起游动、一起摄食，过着只羡鸳鸯不羡仙的独立生活。

图 1-11-6　神仙鱼示意图（二）

九、思维拓展

利用此雕刻技法还可以制作出这样的盘饰（图 1-11-7）。

图 1-11-7　思维拓展示意图
（a）盘饰一；（b）盘饰二；（c）盘饰三；（d）盘饰四

 盘饰宝塔的制作

一、任务描述

在冷菜厨房环境中,利用芋头、卫青萝卜、胡萝卜等原料,先通过直刀刻、旋刀刻、戳刀刻等组合刀法完成宝塔的雕刻,再利用拼、摆、插的手法完成宝塔小景的盘饰。此盘饰可用于装饰爆菜、浇汁菜等。

二、学习目标

(1)掌握盘饰原料芋头、卫青萝卜、胡萝卜的选料及颜色的搭配。

(2)会用旋刀戳技法雕刻宝塔,直刀戳的要求是右手大拇指和左手大拇指滚动原料,随着右手大拇指的方向旋转雕刻。

(3)巩固直刀戳技法,完成盘饰。

(4)通过完成宝塔盘饰制作任务,培养学生的构图能力。

三、成品质量标准

盘饰宝塔成品如图 1-12-1 所示。

宝塔盘饰造型逼真,塔基、塔身、塔刹比协调,塔尖葫芦造型灵秀,并衬以椰树。雕刻手法细腻传神,去料均匀,层次分明,色彩搭配合理。

图 1-12-1 盘饰宝塔成品

四、知识与技能准备

制作盘饰宝塔的具体过程如下。

1. 造型设计

选用直径 40 厘米的长方盘,运用边角点缀的手法将雕刻好的宝塔和用卫青萝卜雕成的椰树点缀在盘子的一角,完成盘饰。

2. 雕刻刀法

直刀刻、戳刀刻等组合刀法。

3．雕刻宝塔的技能点

在刻各层屋檐时，每个侧面所去废料厚度应该相等；否则，会出现塔身歪斜的现象。

（1）各层屋面高度要合理控制，约为层高的一半。在实际建筑中，塔的层高和屋面的比例多种多样，但是初学者还是按照此比例为好。

（2）层高应该按照同一比例由上而下逐渐增高。

五、工作过程

1．选料

选用表皮深棕，内心坚实不糠心，并带有细小的黑色斑点，水分及淀粉含量大，直径为 12～15 厘米的芋头 1 个，以较重的为好。

2．工具准备

手刀、片刀、圆口戳刀、V 型戳刀。

3．宝塔雕刻步骤

宝塔雕刻步骤如图 1-12-2 所示。

去掉芋头的头和尾。

用刀背将芋头平均分成六等份。

用雕刻刀将宝塔的大型改好。

工艺关键：修改六边形时六个面要相等，最好用尺子量好距离，修出的面要平、直，将宝塔身放在桌面时，应不歪不斜。

刻出宝塔的第一层塔顶。

将花瓣刻下，底部要连着。

用同样的方法刻出其他四瓣，并把多余的料去掉。

图 1-12-2　宝塔雕刻步骤

单元一 盘饰制作

取下废料。	将第二层塔檐刻好。	用同样的方法刻出下一层塔檐。

工艺关键：宝塔的每个侧面所去废料厚度应该相等；否则，会出现塔身歪斜的现象。各层屋面高度要合理控制。

用同样的方法刻出全部塔檐，并去料。	刻出塔四边的角。	用同样的方法全部刻好。

工艺关键：雕刻宝塔的檐时去料角度应保持约45度，以避免塔檐歪斜。

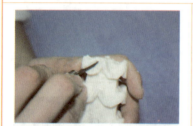	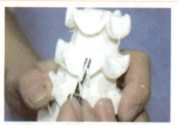	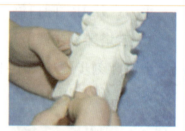
用最小号V型戳刀戳出门。	依次将门全部戳好。	用雕刻刀刻出门的边框。

用小号U型戳刀戳出门窗。	修成小球备用。	做出塔尖。

工艺关键：塔檐上的瓦楞应用最细的戳刀呈放射状戳刻，并且深度要一致。

用502胶水将塔尖粘好。	将做好的塔尖用502胶水粘在塔顶上。	工艺关键：宝塔要圆滑，上小下大，安装时注意不要倾斜。

图 1-12-2　宝塔雕刻步骤（续）

4. 宝塔盘饰制作过程

宝塔盘饰制作过程如图 1-12-3 所示。

图 1-12-3　宝塔盘饰制作过程

5. 保鲜

将雕刻好的宝塔放在清水中加入白矾或白醋浸泡 30 分钟，然后沥干水分，用保鲜膜包裹严实，放在冰箱的冷藏室中。

六、评价参考标准

宝塔盘饰评价标准

评价内容	评价标准	配分	自评得分	互评得分
色泽	色泽艳丽，浓淡适宜	20		
雕刻手法	熟练准确，去料角度与深度恰当	20		
成品标准	形态逼真，塔基、塔身、塔刹比例协调，塔尖葫芦造型灵秀	20		

评价内容	评价标准	配分	自评得分	互评得分
装盘	装盘形态饱满，色、形、量与盛装器皿搭配协调，造型美观	20		
卫生	原材料新鲜，操作工具、盛装器皿洁净卫生，操作过程严格按照"五专"的要求	20		
教师综合评价				

续表

七、检测与练习

（一）基础知识练习

1．宝塔最少有_____层。

2．宝塔起源于_____。

3．宝塔的基本结构包括_____、_____、_____。

（二）动手操作

1．写出雕刻宝塔制作流程。

2．试用其他果蔬雕刻一个宝塔。

八、知识链接

502胶水（图1-12-4）是一种强力胶水，用于食雕原料的黏结。使用时先将原料表面切平，擦干水汽将502胶水涂于原料的一个表面，然后立即将两块料的粘接位置靠紧，紧压5～10秒即可。

图1-12-4　502胶水示意图

塔（图1-12-5）是佛教建筑物。原为葬佛舍利之所。固有七宝装饰，故称宝塔，后为塔的美称。《法华经·见宝塔品》："尔时佛前有七宝塔，高五百由旬，纵横二百五十由旬，从地踊出住在空中。种种宝物而庄校之，五千栏楯，龛室千万，无数幢幡以为严饰，垂宝璎珞，宝铃万亿而悬其上。"

宝塔并不是中国的"原产"，而是起源于印度。汉代，随着佛教从印度传入中国，塔也"进口"到了中国。"塔"是印度梵语的译音，本义是坟墓，是古代印度高僧圆寂后用来埋放骨灰的地方。公元一世纪前后，印度的窣堵波随着佛教传入中国，"塔"字也应运而生，然而，中国并没有滋生印度佛教的社会土壤，佛教只好依附传统的礼制祠祀，佛塔也和古典的楼阁台榭结合起来，"上悬铜串九重，下为重楼阁道"；即在多层的楼阁顶加上一个有九层相轮的塔刹。

图 1-12-5　宝塔示意图

（a）宝塔一；（b）宝塔二

九、思维拓展

利用此雕刻技法还可以制作出这样的盘饰（图 1-12-6）。

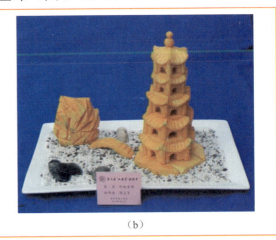

图 1-12-6　思维拓展示意图

（a）盘饰一；（b）盘饰二

单元一 小结

本单元我们完成了12个任务，其中任务一至八是训练直刀刻、旋刀刻、戳刀刻等基础雕刻刀法与简易盘饰，是由每个冷菜厨师在冷菜厨房工作环境中配合共同完成。

盘饰装饰任务一至八是以训练食品雕刻基本技法为主的实训任务，主要是了解食品雕刻工具和基础刀法如何运用，盘饰只是巩固学生直刀切的技法和简易盘饰造型。

盘饰装饰任务九是以训练食品雕刻"阴纹雕"和"阳纹雕"技法为主的实训任务，也是为巩固前八个任务的基本技法。

盘饰装饰任务十和十一是以训练食品雕刻"简易动物造型"技法为主的实训任务，主要是让学生能够灵活运用食品雕刻工具和刀法并能进行零雕整装，盘饰主要训练学生较复杂的造型技法。

盘饰装饰任务十二是以训练食品雕刻"建筑造型"技法为主的实训任务，主要是让学生能够灵活运用食品雕刻工具和刀法并能进行零雕整装，盘饰主要训练学生较复杂的造型技法。

为了便于记忆，可以参照下面的顺口溜。

盘饰单元顺口溜

直刀刻要记牢，下刀要准还要稳，成型雕品面要齐。
旋刀刻记心间，下刀要起弧度弯，雕刻成品美又圆。
戳刀刻认真学，戳刀要狠还安稳，原料成型立体稳。
划刀刻较难学，构图知识要熟练，多看作品勤训练。

单元一　检测

填空题

1．食品雕刻的艺术形式可以分为_____和_____两种。

2．戳刀又称_____。戳刀的种类比较多，达数十种。

3．横刀手法。横刀手法是指右手四指_____刀把，拇指贴于刀刃的_____。

4．纵刀手法。纵刀手法是指四指_____刀把，拇指贴于刀刃_____。

5．持笔刀法。持笔刀法是指握刀的姿势形同_____，即_____、_____、_____捏稳刀身。

6．戳刀手法。戳刀手法与持笔手法大致相同，区别是_____与_____必须按在原料上，以保持运刀准确、不出偏差。

7．整雕。整雕又叫_____，指用一块_____成一件_____，不用其他物料的陪衬与支持就自成一个完整的_____。

8．组雕。组雕又称_____、_____、_____，指用几种_____、_____各不相同的原料，分别雕刻出某个形体的各个部位，然后再集中组装成一个_____。

9．浮雕。浮雕，顾名思义就是在原料的表面上表现出_____，又有_____和_____之分。

10．镂空雕。镂空雕，一般是在浮雕的基础之上，运用_____的方法，将画面之外的_____，使挖空的部分彼此联系。

11．果蔬雕：以各种_____、_____为主要原料完成的雕刻作品。

12．黄油雕：以雕_____或_____、_____为主要原料进行的雕刻。

13．糖雕：以特制的_____为原料。用_____、_____等方法成型的雕塑。

14．食品雕刻经常选用的原料有_____、_____、_____。

15．食品雕刻的刀法有_____、_____、_____。

单元一　盘饰制作

16．食品雕刻原料大致可分为_____、_____、_____。

17．切制黄瓜、胡萝卜适用_____刀法。

18．手刀握刀的要求是_____、_____、_____。

19．盘饰的作用是_____、_____、_____。

20．宝塔起源于_____。

21．宝塔的基本结构包括_____、_____、_____。

22．鸟由_____、_____、_____、_____、_____、_____、_____七部分构成。

23．雕刻牡丹花采用了_____、_____的雕刻方法。

24．切制黄瓜、胡萝卜属于_____性质的原料。

25．可以制作瓜盅的原料有_____、_____、_____、_____。

26．荷花的莲蓬外有一层细的花蕊可用_____刀来雕刻。

27．荷花的开放时间是_____月。

28．青萝卜以表皮_____，形状整齐，心柱大，肉厚，不糠，无裂口和无病虫伤害为佳。

29．龙的头部集合了_____、_____、_____、_____、_____这几种动物的特点。

30．龙的雕刻属于食品雕刻的_____类型。

31．红菜头除雕刻外还可以用于_____、_____、_____进行烹调。

32．著名的西餐红菜汤出自_____。（国家名）

33．牡丹花的花瓣呈_____状。

34．食品雕刻神仙鱼时鱼头占身体_____分之_____。

35．神仙鱼鱼鳞呈_____状。

36．菊花的雕刻刀法由_____、_____组成。

37．菊花的花期应是每年的_____月。

38．河虾的头部占身体的_____。

39．雕刻虾可选用_____、_____、_____等原料。

40．月季花雕刻可用_____、_____、_____等雕刻原料。

单元二 冷菜制作

学习导读

一、学习内容

冷菜制作是运用冷菜的烹调技法将原料制成冷荤、冷素的菜肴，要求学生能运用拌、炝、腌、糟、酱、煮、冻、酥、烤等，还能够设计制作搭配用的辅料，按照正确的工作流程完成盘饰。

二、任务简介

本单元由十二个任务组成，其中每个任务是训练冷菜制作基本技法，是由每个冷菜小组在冷菜厨房工作环境中配合共同完成。

任务一和任务二是以训练凉拌基本技法为主的实训任务，主要介绍生拌和熟拌的运用，盘饰主要巩固学生刀工的技法和简易盘饰造型。

任务三至任务六是以训练炝、炸、浸、盐水煮的技法为主的实训任务，介绍了凉菜常用的基本技法。盘饰主要巩固学生刀工的技法和简易盘饰造型。

任务七是以训练卤、酱技法为主的实训任务，主要目的是让学生能够灵活运用酱汤和卤汤并能对其进行保管，盘饰主要训练学生较复杂的造型技法。

任务八至任务十二是以训练烧、泡、糟、熏、收、蒸、烤、挂霜、冻技法为主的实训任务，主要目的是让学生能够灵活运用各种烹调技法进行冷菜的制作，盘饰主要训练学生较复杂的造型技法。

三、学习要求

本单元要求在与企业厨房生产环境一致的实训环境中完成。学生通过实际训练能够初步体验并适应冷菜工作环境；能够按照冷菜岗位工作流程，基本完成开档和收档工作；能够按照冷菜岗位工作流程，运用冷菜烹调技法和盘饰完成典型冷菜和盘饰的制作，在工作中培养合作意识、安全意识和卫生意识。

四、岗位工作简介

岗位工作流程如图 2-0-1 所示。

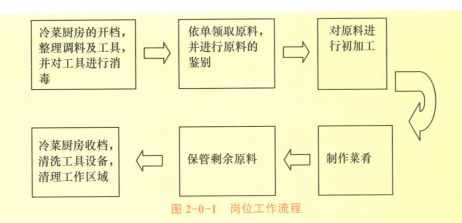

图 2-0-1　岗位工作流程

五、冷菜厨房的各项规章制度

（一）冷菜间卫生制度

（1）冷菜间是餐饮冷菜的切配和装盘的专用场所，不得加工其他餐饮食品和存放与冷菜无关的物品。冷菜间所使用的砧板、刀具和容器等严禁同其他部门混用。

（2）冷菜间在每次进行操作前，卫生值日员应开启紫外线杀菌灯30分钟进行空气消毒（当相对湿度≥70%时，延长灭菌时间至1小时），同时，根据当日气温开启空调机，保持室内温度在25摄氏度以下，并做好相关记录。

（3）进入冷菜间操作的人员必须二次更衣，洗手消毒，并戴上口罩和工作帽，口、鼻和头发不得外露。非冷菜操作人员未经同意不准进入冷菜操作间。

（4）冷菜间厨师在切配操作前，应对已清洗干净的工作台面、砧板、刀具和容器等用含氯浓度为250毫克/升以上的氯制剂擦拭，并保持5分钟以上作用时间。

（5）用于制作冷菜的热熟食品，应先放置在冷菜间内冷却、凉透，然后再放入冰箱内冷藏保存（冷藏温度应控制在10摄氏度以下，保存期限不得超过48小时；已装盘冷菜但无法立即食用的，冷藏保存时间不得超过8小时）。每日由专人负责监测。严禁把未凉透的熟食品直接放入冰箱内冷藏。

（6）每年4—11月制作、供应的冷菜，应对熟肉和鱼等易引起变质的食品各取样100克（不少于6种），放置在冰箱内冷藏24小时备查。留样用的容器必须预先进行清洗消毒。

（7）已经冷藏过的熟食品，在取用时应先用微波炉加热（冷藏时间在6小时以内）或回锅煮烧（冷藏时间在6小时以上）后才能进行切配或供食用。

（8）冷菜间每次工作结束后，所使用的工作台面和工作器具均应洗刷干净，抹布则放入有效氯浓度250毫克/升以上的氯制剂中浸泡2小时以上才能清洗、晾干，并及时清扫水池和地面，不留卫生死角。冷菜间的内墙面、玻璃窗和纱窗等设施每周至少进行一次洗刷清洁，以维持良好的工作环境。

（9）冷菜间主管负责卫生监督，一旦发生偏差应立即纠正。对已加工的冷菜进行追查和验证，确定冷菜食品的质量是否合格，对需要返工的食品，应要求相关人员进行返工处理。所采取的纠正措施和实施效果等情况应登记在纠正和预防措施处理单上。

(二)冷菜工作程序标准

冷菜是厨房生产相对独立的一个部门,其生产和出品管理与热菜有不尽相同的特点。冷菜品质优良,出品及时,可以引起客人的食欲,给客人以美好的第一印象。

1. 分量控制

冷菜与热菜不同,多在烹调后切配装盘,其装盘用什么原料或何种成菜,每份装置数量多少,既关系到客人的利益,又直接影响成本控制。虽然冷菜又称冷碟,多以小型餐具盛装,但也并非越少就越给人以细致美好的感觉,应以适量、饱满,恰好用以佐酒为度。要控制冷菜分量,有效的做法是测试、规定各类冷菜的生产和装盘规格标准,并督导执行。

2. 质量与出品管理

中餐冷菜和西餐冷菜都具有开胃、佐酒的功能,因此,对冷菜的风味和口味要求都比较高。风味要正,口味要准确,要在咀嚼品尝中感觉味美可口。保持冷菜口味的一致性,可采用预先调制统一规格比例的冷菜调味汁、冷沙司的做法,待成品改刀、装盘后浇上即可。冷菜调味汁、冷沙司的调制应按统一规格比例进行,这样才能保证风味的纯正和一致。冷菜由于在一组菜点中最先出品,总给客人以先入为主的感觉,因此,对其装盘的造型和色彩的搭配的要求很高。对于不同规格的宴会,冷菜还应有不同的盛器及拼摆装盘方法,给客人以丰富多彩、不断变化的印象,同时,也可以突出宴请主题,调节就餐气氛。这些都应该在平常的厨房管理中加以督导。冷菜的生产和出品,通常是和菜肴分隔开的,因此,其出品的手续控制亦要健全。餐厅下订单时,多以单独的两联送冷菜厨房,按单配份与装盘出品同样要按配菜出菜制度执行,尽量防止和堵塞漏洞。

(三)冷菜工作程序要求

(1)菜肴造型美观,盛器正确,分量准确。
(2)菜肴色彩悦目,口味符合特点要求。
(3)零点冷菜接订单后3分钟内出品,宴会冷菜在开餐前20分钟备齐。

(四)冷菜工作程序步骤

(1)打开并及时关灭紫外线灯,对冷菜间进行消毒杀菌。
(2)备齐冷菜用原料、调料,准备相应盛器及各类餐具。
(3)按规格加工烹调制作冷菜及调味汁。
(4)对上一餐剩余冷菜进行重复加工处理,确保食品卫生。
(5)接收订单和宴会通知单,按规格切制装配冷菜,并放在规定的出菜位置。
(6)开餐结束,清洁整理冰箱,将剩余食品及调味汁分类放入冰箱中。
(7)清洁整理用具及工作场地。

(五)企业厨房管理制度

(1)负责各小组组长的考勤考绩工作,根据他们工作表现的好坏,正确行使表扬和批评、奖励或处罚职权。
(2)巡视检查厨房工作情况,合理安排人力及技术力量,统筹各个工作环节。
(3)检查厨房设备运转情况和厨具、用具的使用情况,制订年度订购计划。
(4)根据不同季节和重大节日组织特色食品节并推出时令菜式,增加花色品种,以促进销售。

（5）每日检查厨房卫生，把好食品卫生关，贯彻执行食品卫生法规和厨房卫生制度。

（6）定期实施厨师技术培训，组织厨师学习新技术和先进经验。定期或不定期考核厨师的技术，制定值班表，评估厨师，对厨师的晋升调动提出意见，经批实施。

（7）负责保证并不断提高食品质量和餐饮特色、指挥大型和重要宴会的烹调工作，制定菜单，对菜品质量进行现场把关，重要客人可亲手操作。

（8）合理调配人员，科学安排操作程序，保证出菜节奏，为服务工作打下良好的基础。

（9）负责控制食品和有关劳动力成本，准确掌握原料库存量，了解市场供应情况和价格，根据原料供应和客人的不同口味要求，制定菜单和规格、审核厨房的请购单，负责每月厨房盘点工作，经常检查和控制库存食品的质量和数量，防止变质、短缺，合理安排使用食品原料。高档原料的进货和领用必须经过厨师长审核或开单才能领发，把好成本核算关。

（10）负责指导主厨的日常工作，根据客人口味要求，不断改进菜品质量，并协助总经理设计、改进菜单，使之更具吸引力，不断收集、研制新的菜点品种，并保持地方特色风味。

（六）中餐厨房管理

1．关于厨师的服装

中餐厨房的管理很细很杂也很多。例如，服装方面，上班时厨师需穿工作服并佩戴工作帽，在规定位置佩戴工号牌或工作证。服装要干净、整洁。特别是在工作场地需穿工作鞋，不得穿拖鞋、水鞋、凉鞋。必须按规定系腰带。

2．关于厨房考勤制度

厨房工作人员上、下班时，必须打卡，严禁代人或委托人代打卡。准时穿好工作服后，进入工作场所。上班时应坚守工作岗位，不脱岗，不串岗，不准做与工作无关的事，如会客、看书报、下棋、打私人电话，不得带亲戚朋友到酒店公共场所玩耍、聊天，不得哼唱歌曲、小调。因病需要请假的员工应提前一日办理病假手续。需请事假的，必须提前一日办理事假手续，经负责人批准后方有效，未经批准，不得无故缺席或擅离岗位。

3．关于厨房清洁与食品卫生

厨房烹调加工食品用过的废水必须及时排除。地面、天花板、墙壁、门窗应坚固美观，所有孔、洞、缝、隙应予填实密封，并保持整洁，以免蟑螂、老鼠躲藏或进出。定期清洗抽油烟设备。工作厨台、橱柜下内侧及厨房死角，应特别注意清扫，防止残留食物腐蚀。食品应保持新鲜、清洁卫生，并于清洗后分类用透明塑料袋包紧或装在盖容器内分别储放于冷藏区或冷冻区，勿将食品在生活常温中暴露太久。凡易腐败的食物，应储藏在0摄氏度以下冷藏容器内，熟的与生的食品分开储放，防止食品串味，冷藏室应配备脱臭剂。调味品应以适当容器装盛，使用后随即加盖，所有器皿及菜点均不得与地面或污垢接触。应备有密盖污物桶和潲水桶，潲水最好当夜倒除，不在厨房过夜。如确实只能隔夜清除，则应将桶盖盖好，潲水桶四周应经常保持清洁。垃圾桶要及时盖好。

4．关于个人卫生习惯

厨师在厨房工作时，不得在工作区域抽烟、咳嗽、吐痰、打喷嚏。厨房工作人员工作前、上厕所前后应彻底洗手，保持双手卫生。工作时避免让手接触或沾染成品食品与盛器，尽量利用夹子、勺子等工具取放。

5．关于食品原料的使用

根据酒店厨房生产程序标准，实行烹饪原料先进先出原则，合理使用原料，避免出现先后顺序不分，先入库房的原料搁置不用的现象。高档原料应派专人保管，严格按量使用。其他原料应同样做到物尽其用，加强管理。要有一整套完善科学规范的厨房管理制度，并能严格操作与执行，不能流于形式，要贯彻到每个人身上，让大家都能严格律己又能监督他人。

6．关于食品原料的验收制度

食品原料验收人员必须以企业利益为重，坚持原则，秉公验收，不图私利。验收人员必须严格按验收程序完成原料验收工作。食品原料验收人员必须了解即将取得的原料与采购订单上规定的质量要求是否一致，拒绝收入与采购订单上规定不符的原材料。食品原料验收人员必须了解如何处理验收的食品，并且明确发现问题时应如何处理。如果已验收的原材料出现质量问题，食品原料验收人员应负主要责任。验收完毕，食品原料验收人员应填写好验收报告，备存或交给相关部门的负责人员。

7．关于厨房日常工作检查制度

对厨房各项工作实行分级检查制，对厨房进行不定期、不定点、不定项的抽查；大厨、二厨、油锅等厨房员工都必须严格律己并主动接受检查。检查内容包括店规、店纪、厨房考勤、着装、岗位职责、设备使用和维护情况、食品储藏、菜肴质量、出菜制度及速度、原材料的节约及综合利用、安全生产等规章制度的执行和正常生产运转情况。

检查人员对检查工作中发现的不良现象，必须依据情节，进行适当的处理，并有权督促当事人立即纠正或在规定期内改正。属于个人包干范围或岗位职责内的差错，追究个人的责任；属于部门或班组的差错，则追究其负责人员的责任。同时，还可采取相应的经济处罚措施。

8．关于厨房会议制度

厨房根据需要，有必要按时召开各类会议：

（1）卫生工作会（每周1次），主要内容有食品卫生、日常卫生、计划卫生。

（2）生产工作会（每周1次），主要内容有储藏、职责、出品质量、菜品创新。

（3）厨房纪律（每周1次），主要内容有考勤、考核情况、厨房纪律。

（4）设备会议（每月1次），主要内容有设备的使用和维护。

（5）每日例会，主要内容有总结评价过去一日厨房中的情况，处理当日突发事件等。

（七）中餐厨房管理

1．关于厨房防火安全制度

厨房引起火灾的主要因素是大量堆积易燃油脂、煤气炉未及时关闭、煤气漏气、电器设备未及时切断、电源超负荷用电、炼油时无人值守等。

（1）发现电器设备接头不牢或发生故障时，应立即报修，待修复后才能使用。

（2）不能超负荷使用电器设备。

（3）各种电器设备在不用时或用完后切断电源。

（4）易燃物的储藏应远离热源。

（5）每天清洗净残油脂。

（6）炼油时应有专人看管，烤制食品时不能着火。

（7）全体人员都应掌握处理意外事故的最初控制方法和报警方法等。

2．关于厨房奖惩制度

根据酒店规定，对厨房各岗位工作人员符合奖惩条件的进行内部奖励：

（1）参加各种烹饪大赛，成绩优异者。

（2）出版个人烹饪专著和在权威烹饪杂志发表作品及论文获奖者。

（3）忠于职守，全年出满勤，工作表现突出，受到客人多次表扬者。

（4）为厨房生产和管理提出合理化建议，被采纳后产生极大效益者。

（5）在厨房生产中及时消除较大事故隐患者。

（6）多次受到客人表扬者。

（7）卫生工作一贯表现突出，为大家公认者。

（8）节约用料，综合利用成绩突出者。

凡出现下列情况之一者将给予惩处：

（1）违反厨房纪律，不听劝阻者。

（2）不服从分配，影响厨房生产者。

（3）工作粗心，引起客人对厨房工作或菜肴质量进行投诉者。

（4）弄虚作假或搬弄是非，制造矛盾，影响同事间工作关系者。

（5）不按操作规程生产，损坏厨房设备和用具者。

（6）不按操作规程生产，引起较大责任事故者。

（7）殴打他人者。

（8）不按时清理原料，造成变质变味者。

（9）私下收取小费，侵占公共财产者。

首先，对纪律性、职业道德、个人卫生与仪容仪表等环节进行考核；其次，考核能力，根据员工的不同工种、岗位，对其管理能力、业务能力分类考核；再次，考核态度。态度主要是指员工的事业心和工作态度，包括纪律、出勤情况、工作的主动性与积极性等。最后，考核绩效。其主要考核的是员工对酒店所做出的贡献与完成工作任务的数量及质量等诸多方面的情况。

冷菜丰收拌菜的制作

一、任务描述

在冷菜厨房中,根据厨房定制的家宴菜单制作丰收拌菜,利用樱桃萝卜、紫甘蓝、苦菊、彩椒、荷兰黄瓜等的脆嫩特点,运用冷菜的凉拌技法,将各种蔬菜进行搭配,使之颜色鲜艳,口味酸甜,质地爽脆,然后再运用堆的装盘手法完成菜肴的制作。最后成品菜肴造型自然、形态饱满、色彩搭配醒目,体现各种蔬菜爽脆的风味特点。

二、学习目标

(1)初步掌握丰收拌菜的造型设计、原料采购,原料及成品加工、制作、保管的工作过程。

(2)初步掌握拌菜原料及成品加工、冷菜制作的实践操作规范和方法。

(3)能掌握丰收拌菜的装盘及操作关键。

(4)能掌握丰收拌菜的制作技巧。

(5)能根据丰收拌菜的制作要求,学会类似冷菜的制作方法。

三、成品质量标准

丰收拌菜成品如图 2-1-1 所示。

此菜肴色彩艳丽,口味酸甜咸鲜,并伴有浓郁的洋葱及黑胡椒的味道,蔬菜质地爽滑脆嫩。

图 2-1-1 丰收拌菜成品

四、知识与技能准备

制作丰收拌菜的具体过程如下。

1. 造型设计

选用深斗长盘将拌制好的丰收拌菜自然堆成山形,将樱桃萝卜刻成不同样子摆在上面，再撒上花生米。如果不拌制味汁，就将味汁放在单独的容器内摆在盘边上。丰收拌菜的做法属于冷菜烹调法——拌，就是把可食的生原料或晾凉的熟原料，加工成丝、丁、片、块、条等形状，再加入调味料直接调制成菜肴的一种烹调方法。根据原料生熟不同，拌可分为生拌、熟拌和生熟混合拌三种。拌制冷菜具有用料广泛、品种丰富、制作精细、味型多样、成品鲜嫩柔脆、清爽利口的特点。拌制冷菜多数现吃现拌，也有的先经盐或糖调味，拌时沥干汁水，再调拌成菜。

2．蔬菜加工技巧

各种蔬菜应用手撕，增加受味面积，甩干蔬菜表面的水分是为了使料汁更好地挂匀。

五、工作过程

1．选料

原料准备如图 2-1-2 所示。

紫甘蓝 50 克、樱桃萝卜 50 克、红黄彩椒各 25 克、红绿圣女果各 25 克、花生米 50 克、荷兰黄瓜 100 克、苦菊 25 克、紫菊苣 25 克、香葱 20 克。

调料：橄榄油 35 克、黑胡椒 5 克、白糖 75 克、黑醋汁 35 克、精盐 5 克、洋葱粒 20 克、蒜末 10 克、红酒 30 克、生抽 10 克。

图 2-1-2　原料准备

2．丰收拌菜料汁调制

取一个玻璃碗，将调料调制好后搅拌均匀放入冰箱中冷藏备用（此汁应现调现用，不可放置太长时间）。

3．工具准备

片刀 1 把、砧板 1 块、餐盘 1 个、水盆 1 个、消毒毛巾 1 条、餐巾纸 1 包、蔬菜甩干机 1 个、煸锅 1 个、漏勺 1 个、筷子 1 双、神灯 1 个、沙拉碗 1 个。

4．丰收拌菜制作步骤

丰收拌菜制作步骤如图 2-1-3 所示。

将洗好的紫甘蓝、生菜、苦菊用手撕成3～4厘米见方的小块。	把洗好的圣女果一开四备用。	将红黄彩椒用手撕成1厘米见方的小块。

工艺关键：用手撕的目的是蔬菜块呈不规则，增加受味面积。

将荷兰黄瓜切成1厘米左右大小的滚刀块。	将所有加工好的蔬菜放入甩干机中甩干水分。	把甩干水分的蔬菜放入沙拉碗中。

工艺关键：用蔬菜甩干机将蔬菜的水分甩干，以利于拌制时味道更好地附着在蔬菜上，还能够使蔬菜味道浓郁，避免出汤。

将上述调料按分量兑油醋汁。	用小火将花生米炸至酥脆。	将加工好的蔬菜放入神灯中，倒入油醋汁并撒上花生米。

工艺关键：味汁中加入红酒，是调节味汁的香气，最后炸花生米时，应凉油下锅，小火浸炸，花生米应最后撒在拌好的蔬菜上，以保持花生米的酥脆。

图 2-1-3　丰收拌菜制作步骤

5．拼制

此菜肴使用的是堆放的手法，要求堆放成半球形，形态饱满，各色蔬菜拌开，颜色艳丽，然后将樱桃萝卜刻成各种形状放在顶端，突出红白相间的颜色，也可以起到点缀和衬托的作用。

6．保鲜

将拌制好的菜肴用保鲜膜封好，尽量不破坏菜肴造型，然后放入冷藏柜冰镇20分钟即可食用。

六、评价参考标准

丰收拌菜评价标准

评价内容	评价标准	配分	自评得分	互评得分
色泽	色泽艳丽，浓淡适宜	20		
口味	口味酸甜咸鲜，并伴有浓郁的洋葱及黑胡椒的味道	20		
质感	蔬菜质地爽滑脆嫩	20		
装盘	装盘形态饱满，色、形、量与盛装器皿搭配协调，造型美观	20		
卫生	原材料新鲜，操作工具、盛装器皿洁净卫生，操作过程严格按照"五专"的要求	20		
教师综合评价				

七、检测与练习

（一）基础知识练习

1．紫甘蓝、苦菊属于_____菜类。

2．丰收拌菜属于凉菜的_____烹调法。

3．丰收拌菜的工艺流程包括_____、_____、_____、_____。

（二）动手操作

1．自己选料，运用冷菜拌制手法出一盘菜。

2．搜集两道生拌与熟拌菜肴的图片及操作方法。

八、知识链接

紫甘蓝（图2-1-4）又称红甘蓝、赤甘蓝，俗称紫包菜，是十字花科、芸苔属甘蓝种中的一个变种。紫甘蓝是结球甘蓝中的一个类型，由于它的外叶和叶球都呈紫红色，故名。紫甘蓝的营养丰富，主要营养成分与结球甘蓝（就是我们所说的绿甘蓝）差不多，每千克鲜菜中含碳水化合物27～34克，粗蛋白

图2-1-4 紫甘蓝示意图

11～16克，其中含有的维生素成分及矿物质都高于结球甘蓝。所以公认紫甘蓝的营养价值高于结球甘蓝。

紫甘蓝不仅营养丰富，而且结球紧实，色泽艳丽，抗寒。其耐热，产量高，耐贮运，是很受欢迎的一种蔬菜。紫甘蓝具有重要的医学保健作用，是一种天然的防癌药物。甘蓝中含有丰富的维生素C、维生素E、维生素U、胡萝卜素、钙、锰、钼以及纤维素。在国际医学领域，甘蓝是一种重要的护肝药品，主要针对脂肪肝、酒精肝、肝脏功能障碍等常见肝病。甘蓝的化学成分中含有半胱氨酸和优质蛋白，这都是协助肝脏解毒的重要元素。甘蓝还能刺激细胞制造对人体有益的Ⅱ型酶。

苦菊（图2-1-5）属菊花的一种，又名苦菜、狗牙生菜，有抗菌、解热、消炎、明目等作用。苦菊味略苦，颜色碧绿，可炒食或凉拌，是清热去火的美食佳品。由于其味感甘中略带苦，且有清热解暑之功效，因此受到广泛的好评。

图 2-1-5　苦菊示意图

苦苣菜原产欧洲，目前世界各国均有分布。在中国除气候和土壤条件极端严酷的高寒草原、草甸、荒漠戈壁和盐漠等地区外，几乎遍布中国各省区；在国外，主要分布在朝鲜、日本、蒙古、西伯利亚、中亚及远东地区和东南亚、南亚各国。

1. 苦菊中含蛋白质、膳食纤维较高，钙、磷、锌、铜、铁、锰等微量元素较全，以及维生素B1、维生素B2、维生素C、胡萝卜素、烟酸等。此外，还含有腊醇、胆碱、酒石酸、苦味素等化学物质。

2. 苦菜中含有的维生素C、胡萝卜素，分别是菠菜中含量的2.1和2.3倍。苦菜嫩叶中氨基酸种类齐全，且各种氨基酸之间比例适当。食用苦菜有助于促进人体内抗体的合成，增强机体免疫力，促进大脑机能。

圣女果（图2-1-6）又称小西红柿、腐女果，是一年生草本植物，属茄科番茄属，植株最高时能长到2米。在我国一年四季均可栽培。只不过在北方，每年只生长一季，其余时间大棚种植，与露地栽培比起来，在口味上有很大差别。到了华南地区，由于气候适宜樱桃番茄的生长，从每年的七八月份开始，一直到来年的2月份，都可以吃到口味

图 2-1-6　圣女果示意图

纯正的露地栽培樱桃番茄。

樱桃番茄（图 2-1-7）俗称很多，又叫袖珍番茄、迷你番茄，是番茄大家族中的一员。果形有球形、洋梨形、醋栗形，果色有红色、粉色、黄色及橙色，其中以红色栽培居多，由于它远远看上去像一颗颗樱桃，故此得名樱桃番茄。樱桃番茄是一种非常好的保健营养食品，尤其适合现在人们追求天然和健康的潮流。樱桃番茄外观玲珑可爱，含糖度很高，约 7～8 度，口味香甜鲜美，风味独特。

图 2-1-7　樱桃番茄示意图

花生米如图 2-1-8 所示。

1．花生治咳痰可用以下几法：（1）咳嗽痰喘。用花生 50 克，糯米 100 克，红枣 50 克，加水煮花生红枣粥，连吃 10～15 天。（2）老年性慢性支气管炎。花生肉 500 克，白糖 150 克，蜂蜜适量，加工制成糖腌花生泥，每天服食。（3）慢性支气管炎伴肺气肿。花生仁 200 克，胡桃仁 200 克，果仁 100 克，甜杏仁 100 克，和匀捣碎，取

图 2-1-8　花生米示意图

20 克煮鸡蛋加冰糖，可烹调成四仁鸡子粥，经常服食。（4）肺燥干咳咯血。花生连衣 100 克，黑木耳 30 克，猪肺 1 只，常法烹调制成花生木耳猪肺汤，每周 1 剂，分数日服完。（5）秋燥久咳。花生 50 克（去头尖），文火煎汤，加蜂蜜 1 匙调服。

2．花生止血主要在"衣"，中药称"红衣"，花生止血有效成分溶解于水，故花生水煎剂有效。

对血小板减少性紫癜、再生障碍性贫血、血友病、类血友病、先天性遗传性毛细血管扩张出血症、血小板无力出血症等，均有一定的治疗作用。

3．降脂。花生含有不饱和脂肪酸，故有降脂作用，平日可用花生油炒菜。花生果壳含有降脂甙类，可治高胆固醇血症。方法：花生壳 125 克，水煎，每日 1 剂。

4．止咳化痰：花生米 60 克炒或煮熟，每日吃，不间断，痊愈后停用。可以润肺、化痰，治疗老年慢性支气管炎。注：有虚火实热症者勿食。

必须提醒的是，凡是有高黏血症、高凝血症的患者，不宜吃花生，有胆系疾病者亦宜少食，不用油炸。

橄榄油（图2-1-9）在地中海沿岸国家有几千年的历史，在西方被誉为"液体黄金""植物油皇后""地中海甘露"，原因就在于其极佳的天然保健功效、美容功效和理想的烹调用途。可供食用的高档橄榄油是用初熟或成熟的油橄榄鲜果通过物理冷压榨工艺提取的天然果油汁，是世界上唯一以自然状态的形式供人类食用的木本植物油。

图2-1-9 橄榄油示意图

好的橄榄油有以下特点：

橄榄油的性状与制油工艺密切相关，优质橄榄油采用冷榨法制取，并且需要从低压到高压分道进行。低压首榨橄榄油色泽呈浅黄色，是最理想的凉拌用油和烹饪油脂。

观：油体透亮，浓，呈浅黄、黄绿、蓝绿、蓝，直至蓝黑色。色泽深的橄榄油酸值高、品质较差。而精炼的油中色素及其他营养成分被破坏。

闻：有果香味，不同的树种有不同的果味，品油师甚至能区分32种不同的橄榄果香味（如甘草味、奶油味、水果味、巧克力味等）。

尝：口感爽滑，有淡淡的苦味及辛辣味，喉咙的后部有明显的感觉，辣味感觉比较滞后。

九、思维拓展

利用生拌与熟拌的技法，变换主料，还可制作以下菜肴（图2-1-10）。

图2-1-10 思维拓展示意图
(a) 凉拌三丝；(b) 巴豆拌金针菇；(c) 黑木耳拌海蜇；(d) 凉拌笋丝

任务二　冷菜怪味鸡的制作

一、任务描述

在冷菜厨房中，根据厨房定制的家宴菜单制作怪味鸡，根据清远鸡、红油、麻酱、香菜等原料的特点，运用冷菜浸熟的拌制技法完成菜肴的制作，然后利用斩、摆的手法完成装盘。

二、学习目标

（1）初步掌握怪味鸡的造型设计、原料采购，原料及成品加工、制作、保管的工作过程。

（2）初步掌握怪味鸡原料及成品加工，冷菜制作中浸、斩的实践操作规范和方法。

（3）能掌握怪味鸡的装盘及操作关键。

（4）能掌握怪味鸡的制作技巧。

（5）能根据怪味鸡的制作要求，学会类似冷菜的制作方法。

三、成品质量标准

怪味鸡成品如图2-2-1所示。

此菜色泽红白相间，口味咸甜麻辣酸鲜兼备，鸡肉质感酥软爽滑。

图2-2-1　怪味鸡成品

四、知识与技能准备

制作怪味鸡的具体过程如下。

1．造型设计

选用中间略凹四周有花纹的四方盘，将鸡拆骨后切成带皮的条，拼摆成扁圆形并用香葱点缀完成造型。怪味鸡的烹调技法——熟拌，是将烹制成熟的原料加工成各种形状的一种烹调方法，加入调味品拌匀即可食用，如熟拌鸡丝、熟拌白肉、拌五彩墨鱼等。生熟拌，是将一定比例的生料和熟料，加入调味品拌匀的方法，如拌鸡丝洋粉、拌鸡丝金针、拌黄瓜鸭掌等。这种菜肴具有操作简便、口味丰富、色泽清鲜、脆嫩爽口、鲜醇的特点。

2．煮鸡的技巧

鸡烫好后，放入开汤中立即关火，利用90摄氏度水将鸡浸熟（一般质量为1 000～1 500克的鸡浸30～40分钟即可成熟，中间浸鸡时应开一次火，升温到90摄氏度时再关火）。

五、工作过程

1．选料

原料准备如图2-2-2所示。

清远鸡1只（约750克）：应选用皮黄、

图2-2-2 原料准备
(a) 原料一；(b) 原料二

肉嫩、表皮完整，鸡皮呈淡柠檬黄色，用手摸胸骨既软又带韧（说明鸡肉嫩滑），爪子较黄，除去老皮，鸡嘴尖而黄，眼睛无破损的鸡。

芝麻酱50克：应选用纯芝麻酱，要求色泽棕红，口味油香，芝麻香味浓郁。

熟芝麻2克：应选用去皮白芝麻，无沙无土，以色白饱满为佳。

调料：酱油15克、料酒5克、米醋10克、白糖10克、精盐3克、味精2克、辣椒油20克、辣椒面5克、香油50克、香葱50克、老姜20克、花椒10克、桂皮20克。

2．工具准备

餐盘1个、消毒毛巾1条、餐巾纸1包、煸锅1个、漏勺1个、方盘1个、尺板1个、水盆1个。

3．怪味汁的调制

先将麻酱加醋、酱油来回搅拌，避免麻酱上劲，然后再依次加入所有调料，最后临上桌再加入红油和花椒面即可。

4．怪味鸡制作步骤

怪味鸡制作步骤如图2-2-3所示。

将鸡洗干净后放入装有清水的锅中煮制。	把煮好的鸡再次清洗。	将洗好的鸡放入加有调料的锅中，盖上盖焖制，然后再用冰水冰镇。

工艺关键：鸡用开水下锅，用手勺浇内腔，主要是为了将血水烫净，用清水将鸡皮和内腔清洗干净，去除血腥味。煮鸡时应开锅下，鸡脯朝下，鸡背朝上，下鸡后最好立刻关火，温度保持在90摄氏度左右，浸30～40分钟，如温度下降可开火，再将水温烧至90摄氏度，这样煮出的鸡质地嫩滑，口感好。

将炒好的花椒用擀面棍擀成粉。	将擀好的花椒粉用筛子过滤。	用热油浇在放有辣椒面、大料、花椒粉、桂皮的碗里。

工艺关键：先将麻酱加醋、酱油来回搅拌，避免麻酱上劲。炸制红油时应放入香料和盐，使炸出的红油既香又可存放较长时间。

把红油浇在用麻酱、白糖、米醋等拌制的怪味汁中。	把怪味汁搅拌匀。	把冰镇好的鸡取出来斩好并摆盘，待吃时浇汁。

工艺关键：调好怪味汁后再放花椒面和辣椒油，葱、姜、蒜也要在走菜时再放，避免由于时间过长而影响菜肴的风味和料汁的口感。

图 2-2-3 怪味鸡制作步骤

5．拼制

此菜肴使用的是扣的手法，要求呈半圆形，形态逼真，然后浇上怪味汁。清远鸡周围的红油色与盘底颜色形成鲜明对比，最后盘饰点缀的绿色也起到了衬托的作用。

6．保鲜

将做好的怪味鸡用保鲜膜封好，放在冰箱中冷藏，待吃时浇上怪味汁。

六、评价参考标准

怪味鸡评价标准

评价内容	评价标准	配分	自评得分	互评得分
色泽	呈棕红油亮	20		
口味	咸甜麻辣酸鲜兼备	20		
质感	酥软爽滑	20		
装盘	装盘形态饱满，色、形、量与盛装器皿搭配协调，造型美观	20		
卫生	原材料新鲜，操作工具、盛装器皿洁净卫生，操作过程严格按照"五专"的要求	20		
教师综合评价				

七、检测与练习

（一）基础知识练习

1. 清远鸡原产地是_____。
2. 煮制鸡时适宜用_____火候。
3. 兑制怪味汁需要_____、_____、_____、_____、_____、_____调料。

（二）动手操作

1. 自己选料，运用冷菜拌制手法出一盘菜。
2. 搜集怪味汁配方，自己试着兑制一碗。

八、知识链接

清远鸡（图 2-2-4）原产于广东省清远县（现清远市）。因母鸡背侧羽毛有细小黑色斑点，故称麻鸡。它以体型小、皮下和肌间脂肪发达、皮薄骨软而著名，素为我国活鸡出口的小型肉用名产鸡之一。属肉用型品种，体型特征可概括为"一楔""二

图 2-2-4　清远鸡示意图

细"三麻身"。鸡肉和牛肉、猪肉比较，其缺乏维生素B16、维生素C、维生素D，并还可能含有激素残留，长期食用易造成孕妇回奶。鸡肉食用量对人体，尤其是老年人的健康有重大影响。营养学家指出，由于人们一天中会食用各种食物，平均起来，鸡肉中的胆固醇含量最高。胆固醇会极大地增加心脑血管疾病的诱发概率，如果女性每天都吃鸡肉，那么势必会有多余的胆固醇存积在体内，这不但不利于健康，也会增加心脏病、脑血栓诱发的概率。6月龄母鸡半净膛率为85%，全净膛率为75.5%，阉公鸡半净膛率为83.7%，全净膛率为76.7%。清远鸡年产蛋为70～80枚，平均蛋重为46.6克，蛋形指数1.31，壳色浅褐色。

四川菜简要介绍（图2-2-5）。

图2-2-5　典型四川菜示意图
(a)四川菜一；(b)四川菜二

四川菜系，分为以川西成都乐山为中心的上河帮、川东重庆为中心的下河帮、川南自贡为核心的小河帮。四川菜系各地风味比较统一，主要流行于西南地区和湖北地区，在中国大部分地区都有川菜馆。川菜是中国汉族四大菜系之一，也是最有特色的菜系，民间最大菜系，同时被冠以"百姓菜"。

川菜风味包括成都、重庆、乐山、内江、自贡等地方菜的特色，主要特点在于味型多样，即复合味的运用。辣椒、胡椒、花椒、豆瓣酱等是主要调味品，不同的配比，配出了麻辣、酸辣、椒麻、麻酱、蒜泥、芥末、红油、糖醋、鱼香、怪味等各种味型，无不厚实醇浓，具有"一菜一格""百菜百味"的特殊风味，各式菜点无不脍炙人口。

怪味味型：

用料为芝麻酱、酱油、熟芝麻、熟花椒粉、红油盐、味精、葱、姜、蒜、香油、白糖、米醋。用酱油和醋先把麻酱调稀，再依次加入各种调料。麻、辣程度根据需要而定。口味咸、麻、辣、甜、酸、香、鲜七味平行和谐，互不压抑，味浓厚。适合于动物性原料和蔬菜类。如怪味鸡、怪味白肉、怪味笋尖、怪味酥豆等。

九、思维拓展

利用熟拌的手法还可以制作以下菜肴（图 2-2-6）。

图 2-2-6　思维拓展示意图
（a）怪味鸡块；（b）川北凉粉；（c）怪味腰片；（d）怪味胡豆

任务三 冷菜开洋炝芹菜的制作

一、任务描述

在冷菜厨房中，根据厨房定制的家宴菜单制作开洋炝芹菜，根据开洋的咸鲜干香和芹菜的脆嫩质感特点，运用冷菜"炝"的技法完成菜肴开洋炝芹菜。此菜肴中芹菜整齐饱满，呈碧绿色，口感脆爽并具有浓郁的开洋香味，再运用堆的装盘手法完成菜肴造型。菜肴的造型自然、形态饱满、色彩搭配醒目，体现了开洋炝芹菜的风味特点。

二、学习目标

（1）初步掌握开洋炝芹菜的造型设计、原料采购，原料及成品加工、制作、保管的工作过程。

（2）初步掌握开洋炝芹菜原料及成品加工、冷菜制作中炝的实践操作规范和方法。

（3）能掌握开洋炝芹菜的装盘及操作关键。

（4）能掌握开洋炝芹菜的炝制技巧。

（5）能根据开洋炝芹菜的制作要求，学会类似冷菜的制作方法。

三、成品质量标准

开洋炝芹菜成品如图 2-3-1 所示。

图 2-3-1 开洋炝芹菜成品

此菜肴为"炝"典型菜，色泽碧绿，口味咸鲜。芹菜质地清鲜脆爽，并伴有开洋的鲜味。

四、知识与技能准备

制作开洋炝芹菜的具体过程如下。

1. 造型设计

选用圆盘自然堆成山形，运用樱桃萝卜、黑鱼籽进行装饰点缀。

2. 烹调技法

开洋炝芹菜冷菜烹调技法——炝。此法先将原料经过细加工处理，再配以调味品搅拌，然后浇上热油，最后通过热油浇烫时对原料的快速对流与渗透作用，使调味品迅速渗透到原料内层。炝分为水炝、油炝和特殊炝三种。水炝，是把加工成型的原料用沸水烫后迅速投凉，控净水分加入调味品的方法，如水炝鱼片、水炝海米芹菜、水炝菜花等。油炝（又名滑炝），是将加工成型的原料用温油滑熟，控净油后加入调味品的方法，如炝鸡丝掐菜、炝姜汁扁豆、滑炝里脊丝等。特殊炝，是将鲜活动物性原料，不需要经高温处理，洗净后直接加入调味品的方法，如活炝腐乳虾、生吃鱼片、生吃牛肉等，具有色泽鲜艳、脆嫩爽口的特点。

五、工作过程

1. 选料

原料准备如图 2-3-2 所示。

芹菜 500 克：应选用颈部粗壮的芹菜，呈翠绿色，无伤痕、无虫蛀，纹理顺畅清楚，水分含量高，芹叶无黄叶、烂叶，以色泽深绿为佳。

海米 50 克：海米为小虾的干制品，色泽橙红，虾干均匀，口味咸鲜，无尘土、无砂砾，表皮完整。

图 2-3-2　原料准备

调料：精盐 3 克、味精 2 克、枸杞 10 克、干辣椒 5 克、花椒 5 克、蒜 10 克、白糖 2 克、黄酒 10 克。

2. 工具准备

片刀 1 把、砧板 1 块、餐盘 1 个、水盆 1 个、毛巾 1 条、餐巾纸 1 包、蔬菜甩干机 1 个、煸锅 1 个、漏勺 1 个、筷子 1 双、沙拉碗 1 个。

3. 开洋炝芹菜制作步骤

开洋炝芹菜制作步骤如图 2-3-3 所示。

在清洗好的开洋中加入料酒，再浇上温水进行闷制涨发。

用温水将枸杞涨发，备用。

将芹菜洗净、切段，切凤尾花刀。

工艺关键：将海米用温水涨发，再加入料酒去腥。芹菜切凤尾花刀，均匀一致。

图 2-3-3　开洋炝芹菜制作步骤

将泡好的芹菜放入蔬菜甩干机中甩干。	将甩干后的芹菜放入沙拉碗中，并将发制好的枸杞一同投入，进行调味。	锅中坐油，依次放入花椒、干辣椒段、海米、蒜蓉。
工艺关键：将泡好的芹菜用甩干机甩干水分，便于着味。		

将炸好的料油浇在芹菜上拌制。	将拌好的芹菜装盘并点缀。	
工艺关键：海米用低油温炸酥，避免焦煳，干辣椒随个人口味放入，也可不放。此菜肴应随炝随上桌，不宜放置过长时间。		

图 2-3-3　开洋炝芹菜制作步骤（续）

4．拌制

此菜肴使用的是堆放的手法，要求堆放成山形，形态逼真，芹菜与开洋、枸杞颜色形成鲜明对比，最后点缀的樱桃萝卜与黑鱼子也起到了衬托的作用。

5．保鲜

将拌好的开洋炝芹菜用保鲜膜封好，尽量不破坏造型，然后放入冷藏柜中冰镇20分钟，即可食用。

六、评价参考标准

开洋炝芹菜评价标准

评价内容	评价标准	配分	自评得分	互评得分
色泽	色泽碧绿，色彩鲜艳	20		
口味	口味清鲜脆爽，并伴有开洋的鲜味	20		
质感	蔬菜质地爽滑脆嫩	20		
装盘	装盘形态饱满，色、形、量与盛装器皿搭配协调，造型美观	20		

续表

评价内容	评价标准	配分	自评得分	互评得分
卫生	原材料新鲜，操作工具、盛装器皿洁净卫生，操作过程严格按照"五专"的要求	20		
教师综合评价				

七、检测与练习

（一）基础知识练习

1．芹菜属于_____科。

2．开洋炝芹菜属于凉菜的_____烹调法。

3．开洋炝芹菜的工艺流程包括_____、_____、_____、_____。

（二）动手操作

1．自己选料，运用冷菜拌制手法出一盘菜。

2．搜集两道炝的菜肴的图片及操作方法。

八、知识链接

相关蔬菜知识：

芹菜（图2-3-4）属伞形科植物。有水芹、旱芹两种，功能相近，药用以旱芹为佳。旱芹香气较浓，又名"香芹"，亦称"药芹"。芹菜是高纤维食物，它经肠内消化作用产生一种木质素或肠内脂的物质，这类物质是一种抗氧化剂，常吃芹菜，尤其是吃芹菜叶，对预防高血压、动脉硬化等都十分有益，并有辅助治疗作用。芹菜别名芹、旱芹、香芹、蒲芹、药芹菜、野芫荽，为伞形科芹属中一、二年生草本植物。原产于地中海沿岸的沼泽地带，世界各国已普遍栽培。我国芹菜栽培始于汉代，至今已有2000多年的历史。起初仅作为观赏植物种植，后作食用，经过不断地驯化培育，形成了细长叶柄型芹菜栽培种，即本芹（中国

图2-3-4 芹菜示意图

芹菜）。本芹在我国各地广泛分布，而河北遵化、山东潍县和桓台、河南商丘、内蒙古集宁等地都是芹菜的著名产地。芹菜性凉，味甘辛，无毒；入肝，胆，心包经。主治清热除烦，平肝，利水消肿，凉血止血。主治高血压、头痛、头晕、暴热烦渴、黄疸、水肿等病症。芹菜性凉质滑，故脾胃虚寒、肠滑不固者食之宜慎。

开洋（图2-3-5）是用盐腌制过的、晒成干的虾，是咸的，鲜的。小的叫虾皮，大的去皮虾干就叫开洋，有时还叫海米或金勾，是海虾去皮晒干。"开洋"是南方人的叫法，北方人叫海米。开洋也称虾米或虾仁，为海产白虾、红虾、青虾加盐水焯后晒干，纳入袋中，扑打揉搓，风扬筛簸，去皮去杂而成，即经加盐蒸煮、干燥、晾晒、脱壳等工序制成的产品。因如

图2-3-5 开洋示意图

春谷成米，故称海米。以白虾米为上品，色味俱佳，鲜食成美。白虾须长，身、肉皆为白色，故前人有"曲身小子玉腰肢，二寸银须一寸肌"之咏。海米食用前加水浸透，肉质软嫩、味道鲜醇，煎、炒、蒸、煮均宜，味道鲜美，为"三鲜"之一。虾皮营养丰富，素有"钙的仓库"之称，是物美价廉的补钙佳品。据文献记载，虾皮还具有开胃、化痰等功效。虾皮营养价值高，物美价廉，用途广泛，可汤、可炒、可馅、可调味，家常菜中的虾皮豆腐、虾皮油菜、虾皮韭菜、虾皮小葱、虾皮萝卜汤等，均为鲜美的下饭佳肴。

1. 虾皮中含有丰富的蛋白质和矿物质，尤其是钙的含量极为丰富，有"钙库"之称，是缺钙者补钙的较佳途径。

2. 虾皮中含有丰富的镁元素，镁对心脏活动具有重要的调节作用，能很好地保护心血管系统，可减少血液中的胆固醇含量，对于预防动脉硬化、高血压及心肌梗死有一定的作用。

3. 虾皮还有镇定作用，常用来治疗神经衰弱、植物神经功能紊乱等症。

4. 老年人常食虾皮，可预防自身因缺钙所致的骨质疏松症，老年人的饭菜里放一些虾皮，对提高食欲和增强体质都很有好处。

九、思维拓展

利用炝制技法变换主料，还可以制作以下菜肴（图2-3-6）。

图 2-3-6 思维拓展示意图
（a）炝拌土豆丝；（b）炝拌莴笋丝；（c）炝拌腰花；（d）炝拌肚丝

任务四 冷菜炸土豆丝的制作

一、任务描述

在冷菜厨房中,根据厨房定制的家宴菜肴制作炸土豆丝,选用土豆、胡萝卜、菠菜、红椒、紫甘蓝、青笋等原料,运用冷菜"炸"的技法完成炸土豆丝并进行调味。用堆的手法完成菜肴的装盘,再将拌好的丝团球点缀在土豆丝周围。

二、学习目标

(1)初步掌握炸土豆丝的造型设计、原料采购,原料及成品加工、制作、保管的工作过程。

(2)初步掌握炸土豆丝原料及成品加工、冷菜制作中炸的实践操作规范和方法。

(3)能掌握炸土豆丝的装盘及操作关键。

(4)能掌握炸土豆丝的制作工艺关键。

(5)能根据炸土豆丝的制作要求,学会类似冷菜的制作方法。

三、成品质量标准

炸土豆丝成品如图2-4-1所示。

此菜肴色彩艳丽,五种颜色的丝球衬托在炸好的土豆丝周围,口味麻辣咸鲜酥脆,造型美观,装盘手法立体新颖。

图2-4-1 炸土豆丝成品

四、知识与技能准备

制作炸土豆丝的具体过程如下。

1. 造型设计

选用圆形平盘,将土豆丝用堆的手法堆砌成锥形,周围用五色蔬菜丝团呈球形点缀，使菜肴色彩丰富，更突出立体效果。

2．烹调技法

炸土豆丝使用的是冷菜烹调法——脱水，根据其概念与特点脱水制品也称为"松"，就是将原料经过初步加工后，根据不同的性质分别进行油炸、蒸煮、烘炒等，再进行挤压揉擦，是将原料脱干水分干燥而成为酥松、脆香的一种烹调方法。脱水制品具有质地松、酥、香、脆且易于保存的特点。

3．脱水制品的方法与技巧

（1）将原料经蒸煮熟烂后，加工成丝状或绒状，炒、炸或烤干，再加调料制作。

（2）将原料切成细丝、片，经油炸酥脆后，再加入调味料制成。脱水制品的操作要领是动物性原料应不带脂肪、筋膜；植物性原料以选用新鲜脆嫩的为佳。加工处理的原料要整齐均匀，调味时不能太咸。火候应根据各种原料的性质灵活掌握。

五、工作过程

1．选料

土豆 500 克：应选用表皮呈金黄色，有细黑色的斑纹，无虫蛀、无虫眼、无破损，质地清脆，水分和淀粉的含量较大的。

胡萝卜 50 克：应选用表皮光滑，呈橙红色的，以无虫蛀、水分含量大、质地清脆、不糠心、顺直的为好。

青笋 50 克：表皮呈青绿色，略带斑纹，无虫蛀、无虫眼、顺直、水分含量大，笋叶呈翠绿色，自然散开。

紫甘蓝 50 克：呈球状，表皮为紫红色，略带白霜，根部呈白色，水分含量大，质地清脆，无破损、无虫眼。

菠菜叶 150 克：典型的绿叶菜，头部为粉红色，茎部为翠绿色，叶子为深绿色，水分含量大，无虫蛀、无沙尘、无泥土，叶子自然散开。

红彩椒 50 克：呈灯笼形，表皮深红光润，不蔫，无虫蛀，水分含量大。

调料：精盐 20 克、花椒面 5 克、辣椒面 10 克。

2．工具准备

餐盘 1 个、消毒毛巾 1 条、餐巾纸 1 包、煸锅 1 个、漏勺 1 个、方盘 1 个、尺板 1 个、吸油纸 1 包、片刀 1 把。

3. 炸土豆丝制作步骤

炸土豆丝制作步骤如图 2-4-2 所示。

将土豆切成宽 0.1 厘米的细丝。

将青笋切成宽 0.1 厘米的细丝。

将紫甘蓝切成宽 0.1 厘米的细丝。

工艺关键：切土豆丝时应用直刀切与推切的手法，下刀要稳，切出的丝要均匀。五种菜丝的粗细程度应与土豆丝相近。

将红椒片去白瓤后切成宽 0.1 厘米的细丝备用。

把切好的所有细丝放入冷水中浸泡。

在炸好的细丝上撒精盐、花椒面、辣椒面调味。

工艺关键：炸土豆丝时，油温应保持在 150～200 摄氏度，下土豆丝后应迅速搅动，避免炸好的土豆丝色泽不均匀，炸好的土豆丝应放在铺有吸油纸的盘中，放入精盐、花椒面、辣椒面，用筷子轻轻拌制，应注意避免将土豆丝拌碎烂。

土豆丝堆成山形，放在盘子中间，并将其他丝抱团均匀放在其周围。

五个颜色的细丝呈五角形排列。

摆好后，整理装饰完即可。

工艺关键：五彩丝球应尽量甩干水分，食用时可挤上沙拉酱，土豆丝应码成山形，突出其立体效果。

图 2-4-2 炸土豆丝制作步骤

4. 拼制

此菜肴使用堆放的手法，要求堆放成山形，周围配菜呈球形，相映成趣，形态饱满，立体感强，颜色鲜明艳丽，各色蔬菜丝在旁边起到点缀和衬托的作用。

5. 保鲜

将削完皮的土豆放在清水中泡制，否则会发黑；或者用保鲜膜包住，将其放在冰箱中冷藏。炸好的土豆丝要用吸油纸包裹（注意不要压碾）并放在阴凉处。

六、评价参考标准

炸土豆丝评价标准

评价内容	评价标准	配分	自评得分	互评得分
色泽	色泽碧绿,色彩鲜艳	20		
口味	味道麻辣咸香	20		
质感	口感酥脆	20		
装盘	装盘形态饱满,色、形、量与盛装器皿搭配协调,造型美观	20		
卫生	原材料新鲜,操作工具、盛装器皿洁净卫生,操作过程严格按照"五专"的要求	20		
教师综合评价				

七、检测与练习

(一)基础知识练习

1. 土豆的原产地是_____。
2. 炸制土豆丝时所用油温为_____成热。
3. 拌制土豆丝的调味料有_____、_____、_____。

(二)动手操作

1. 自己选料运用冷菜炸制手法出一盘菜。
2. 试着用其他蔬菜原料炸制菜松。

八、知识链接

马铃薯(图2-4-3)别名叫土豆,也叫洋芋,英文名叫Potato。马铃薯是现今人类社会的四大粮食作物之一,仅次于水稻、玉米和小麦,它可是咱们餐桌上的常客,但要说起这马铃薯的身世,还有不少鲜为人知的故事呢。在咱们中国,大多数老百姓都管马铃薯叫土豆,但实际上,它可是地地道道的

图2-4-3 马铃薯示意图

洋货，是从国外传来的。马铃薯是块茎类作物，埋在地下的茎部膨大，含有大量的淀粉，可以为食用者提供丰富的营养能源。土豆中的蛋白质比大豆还好，最接近动物蛋白。土豆还含丰富的赖氨酸和色氨酸，这是一般粮食所不可比的。土豆还是富含钾、锌、铁的食物。所含的钾可预防脑血管破裂。它所含的蛋白质和维生素C，均为苹果的10倍，维生素B1、维生素B2、铁和磷含量也比苹果高得多。从营养角度看，它的营养价值相当于苹果的3.5倍。

土豆有和胃、调中、健脾、益气的作用，对胃溃疡、习惯性便秘、热咳及皮肤湿疹也有治疗功效。土豆所含的纤维素细嫩，对胃肠黏膜无刺激作用，有解痛或减少胃酸分泌的作用。常食土豆已成为防治胃癌的辅助疗法。

菠菜（图2-4-4）属一年生或二年生草本植物，又称菠棱、波斯草，以叶片及嫩茎供食用，原产波斯，2000年前已有栽培，后传到北非，由摩尔人传到南欧西班牙等国。菠菜647年传入唐朝，其主根发达，肉质根红色，味甜可食。菠菜属耐寒性蔬菜，长日照植物。中国北方也有冬季播种、来春收获的，俗称埋头菠菜，条播或撒播均可。菠菜是耐

图 2-4-4 菠菜示意图

寒不耐热的蔬菜，气温超过25摄氏度即生长不良，品质较差，若利用夏季菠菜高效栽培技术，6—7月份也可种植，8—9月份即可上市供应，经济效益极高。菠菜是中国北方地区重要的越冬蔬菜，也是南北各地春、秋、冬季的重要蔬菜之一。

红彩椒原产哥伦比亚和中美洲一带，俗称西椒、彩椒、甜辣椒、菜椒、灯笼椒。长势中等，结果性强，果型为9×9厘米，3~4心室，平均单果重100~150克，亩①定植2 000株左右，生长期10~12个月。红彩椒有紫色、白色、黄色、橙色、红色、绿色等多种颜色，与普通大椒相比，其具有较高的含糖量和维生素C，主要用于生食或切丝拌沙拉酱。

莴笋（图2-4-5）又称青笋，属菊科，一、二年生草本植物。莴笋是莴苣的一个变种，原产于地中海沿岸，唐代传入我国，我国南北均产，是春季及秋冬季的主要蔬菜之一。莴笋以肥大的花茎基部

图 2-4-5 莴笋示意图

---

① 1亩≈666.7平方米。

供食，呈长棒形，外有一层纤维层，对嫩茎起着保护作用，茎质脆、嫩，水分大，味鲜美。莴笋的品种较多，依叶形大体分为尖叶类和圆叶类。

炸（图 2-4-6）是用旺火加热，以食油为传热介质的烹调方法，特点是火旺、用油量多（一般比原料多几倍，饮食业称"大油锅"）。用这种方法加热的原料大部分要间隔炸两次。用于炸的原料在加热前一般须用调味品浸渍，加热后往往随带辅助调味品（如椒盐、番茄沙司、辣椒油等）上席，炸制菜肴的特点是香、酥、脆、嫩。由于所用原料的质地及制品的要求不同，炸可分为清炸、干炸、软炸、酥炸、卷包炸和特殊炸等。

图 2-4-6　炸菜松示意图

九、思维拓展

利用炸的技法，还可以制作以下菜肴（图 2-4-7）。

图 2-4-7　思维拓展示意图
(a) 干炸小黄鱼；(b) 炸排叉；(c) 炸蝎子；(d) 炸带鱼；(e) 炸松肉；(f) 炸竹虫

任务五 冷菜美极浸萝卜的制作

一、任务描述

在冷菜厨房中，根据厨房定制的家宴菜单制作美极浸萝卜，根据白萝卜、青红美人椒、香菜梗等原料的脆嫩的特点，运用冷菜"浸"的技法完成美极浸萝卜的制作并进行调味，再用堆的手法完成美极浸萝卜的装盘。

二、学习目标

（1）初步掌握美极浸萝卜的造型设计、原料采购，原料及成品加工、制作、保管的工作过程。

（2）初步掌握美极浸萝卜的原料及成品加工、冷菜制作中浸泡的实践操作规范和方法。

（3）能掌握美极浸萝卜的装盘及操作关键。

（4）能掌握美极浸萝卜的制作工艺流程。

（5）能根据美极浸萝卜的制作要求，学会类似冷菜的制作方法。

三、成品质量标准

美极浸萝卜成品如图 2-5-1 所示。

四、知识与技能准备

制作美极浸萝卜的具体过程如下。

此菜肴色彩酱红艳丽，口味咸鲜香，甜酥脆，造型美观，装盘手法独特、新颖。

图 2-5-1 美极浸萝卜成品

1. 造型设计

运用码的技法把泡好的美极浸萝卜摆在四方盘中，最下层用粽叶垫底。

2. 烹调技法

美极浸萝卜采用的是冷菜烹调法——浸，其是将一种原料放入调制好的卤汁中，卤制滋味慢慢渗入原料里的烹调方法。制作出来的菜肴具有醇香、脆嫩的特点。

3. 烹调技巧

在浸制过程中，菜肴中的亚硝酸盐在 1～2 天含量最高，从第 3 天开始含量逐天减少，所以萝卜要浸 7 天以上方可食用。

五、工作过程

1. 选料

原料准备如图 2-5-2 所示。

图 2-5-2 原料准备

白萝卜 1 000 克：选用表皮呈乳白色、光滑、圆润、顺直、水分含量大、无虫蛀、无虫眼的。

香菜梗 100 克：选用杆细，颜色翠绿，闻之清香，叶呈翠绿色，无黄叶、烂叶的。

杭椒 200 克：选用长度约为 15 厘米，颜色翠绿，笔杆粗细，水分含量大，无虫蛀、无虫眼且无伤痕的。

调料：蒜 100 克、姜 50 克、冰糖 100 克、美极鲜酱油 300 克、香醋 50 克。

2. 工具准备

片刀 1 把、砧板 1 块、餐盘 1 个、水盆 1 个、消毒毛巾 1 条、餐巾纸 1 包、蔬菜甩干机 1 个、煸锅 1 个、漏勺 1 个、筷子 1 双、沙拉碗 1 个。

3. 美极浸萝卜制作步骤

美极浸萝卜制作步骤如图 2-5-3 所示。

将洗好的白萝卜一分为二。

取其中一半白萝卜，将表皮去掉。

然后在白萝卜表面剞刀深度为其 2/3 的梳子刀。

工艺关键：将白萝卜用上片的方法去尽表皮，剞刀至 2/3，剞刀深度要一致，下刀要稳。

图 2-5-3 美极浸萝卜的制作步骤

每片白萝卜切成厚度约0.1厘米、长度约1.5厘米的半圆块，切完用精盐腌制2小时。	将辅料清洗干净，备用。	在锅中加入清水、美极鲜酱油、冰糖等，以调制酱汁。

工艺关键：将刻好刀的白萝卜切成等距离的梳子块，用盐腌后用手挤干水分。将配好的调料下锅煮开，冰糖融化后即可放凉再下入配料。

将清洗干净的辅料放入晾凉的酱汁中。	将腌制好的白萝卜挤干水分后放入晾凉的酱汁中。	封上保鲜膜，放入保鲜冰箱12小时后即可食用。

工艺关键：将调好的酱汁加入白萝卜块中，封上保鲜膜，以避免在冰箱中与其他食品串味。

图 2-5-3　美极浸萝卜的制作步骤（续）

4．拼制

此菜肴选用的是一字花刀方式将白萝卜修切成盛开的花朵形，并采用堆和摆的技法制作而成。点缀时用了绿色、红色，突出了菜肴的色彩。

5．保鲜

将美极浸萝卜放入玻璃容器中，用保鲜膜封严实放入温度为0～4摄氏度的冰箱中保存7天方可食用。

六、评价参考标准

美极浸萝卜评价标准

评价内容	评价标准	配分	自评得分	互评得分
色泽	色泽酱红明亮，颜色亮丽	20		
口味	味道香辣咸甜香	20		
质感	口感酥脆	20		

续表

评价内容	评价标准	配分	自评得分	互评得分
装盘	装盘形态饱满，色、形、量与盛装器皿搭配协调，造型美观	20		
卫生	原材料新鲜，操作工具、盛装器皿洁净卫生，操作过程严格按照"五专"的要求	20		
教师综合评价				

七、检测与练习

（一）基础知识练习

1．白萝卜的原产地是_____。
2．美极浸萝卜运用了_____烹调方法。
3．制作美极浸萝卜的调味料包括_____、_____、_____。

（二）动手操作

1．自己选料运用冷菜炸制手法出一盘菜。
2．试着用其他蔬菜原料制作菜肴。

八、知识链接

白萝卜（图2-5-4）是一种常见的蔬菜，生食熟食均可，略带辛辣味。现代研究认为，白萝卜含芥子油、淀粉酶和粗纤维，具有促进消化、增强食欲、加快胃肠蠕动和止咳化痰的作用。中医理论也认为该品味辛甘，性凉，入肺胃经，为食疗佳品，可以治疗或辅助治疗多种疾病，本草纲目称之为"蔬中最有利者"。所以，白萝卜在临床实践中有一定的药用价值。

图2-5-4　白萝卜示意图

1．消化方面：食积腹胀，消化不良，胃纳欠佳，可以生捣汁饮用；恶心呕吐，泛吐酸水，慢性痢疾，均可切碎蜜煎细细嚼咽；便秘，可以煮食；口腔溃疡，可以捣汁漱口。

2．呼吸方面咳嗽咳痰，最好切碎蜜煎细细嚼咽；咽喉炎、扁桃体炎、声音嘶哑、失声，可以捣汁与姜汁同服；鼻出血，可以生捣汁和酒少许热服，也可以捣汁滴鼻；咯血，与羊肉、鲫鱼同煮熟食；预防感冒，可煮食。

3. 泌尿系统方面各种泌尿系结石，排尿不畅，可用之切片蜜炙口服；各种浮肿，可用白萝卜与浮小麦煎汤服用。

4. 其他方面美容，可煮食；脚气病，煎汤外洗；解毒，解酒或煤气中毒，可用之，或叶煎汤饮汁；通利关节，可煮用。

杭椒（图 2-5-5）长 13 厘米左右，横径约 1.4 厘米，平均单果重 10 克。青熟果淡绿色，果实微辣，老熟果红色。果面略皱，果顶渐尖，稍弯。它既是美味佳肴的好佐料，又是一种温中散寒、可用于食欲不振等症的食疗佳品。

图 2-5-5　杭椒示意图

天源酱菜。坐落在西单十字路口东南角的"天源酱园"开业于清同治八年（1869年），至今已有 150 多年的经营历史，是由当时京城"四大当铺"之一的刘湛轩用二百两白银买下一家即将倒闭的油盐店而开办的。店主当时的目的是接触上层社会，所以请酱菜师傅引进清宫御膳房的技术，前店后厂，自产自销，尤以生产甜面酱和各种甜酱菜闻名。天源酱菜是典型的京城酱菜，酱菜的做法出自清宫内廷的名师，做工精细，用料考究，其特点是"甜、鲜、脆、嫩"，成品甜咸适度，味道鲜美，很受南方人和外宾的欢迎，所以又有"南菜"之称，一百多年来天源既保持了自己京味的优良传统，又吸收南方酱菜特长，逐步形成自己独特的生产方式和经营品种，花色繁多、货真价实。

九、思维拓展

根据浸的技法更换主料，还可以制作以下菜肴（图 2-5-6）。

图 2-5-6　思维拓展示意图

任务六 冷菜盐水虾的制作

一、任务描述

在冷菜厨房中,根据厨房定制的家宴菜单制作盐水虾,根据基围虾的虾肉甜、质感清脆的特点,运用冷菜的盐水煮技法,制作出颜色鲜红、口味咸鲜、质地清脆的菜肴,再运用码的装盘手法完成造型。使菜肴的造型自然形态饱满,色彩搭配红绿相间、醒目自然,可以体现成熟后的基围虾色泽及口味特点。

二、学习目标

(1)初步掌握盐水虾的造型设计、原料采购,原料及成品加工、制作、保管的工作过程。

(2)初步掌握盐水虾的原料及成品加工、冷菜制作盐水煮的实践操作规范和方法。

(3)能掌握盐水虾的装盘及操作关键。

(4)能掌握盐水虾的制作工艺关键。

(5)能根据盐水虾的制作要求,学会类似冷菜的制作方法。

三、成品质量标准

盐水虾成品如图 2-6-1 所示。

此菜色彩橘红艳丽,口味咸鲜,虾肉质地爽脆,味道鲜美,营养丰富。

图 2-6-1　盐水虾成品

四、知识与技能准备

制作盐水虾的具体过程如下。

1. 造型设计

选用长方盘将制作好的盐水虾自然码成扇形,将卫青萝卜切成绿色围栏造型,装点在盘边。

2. 烹调技法

盐水虾的冷菜烹调法——煮制法是一种辅助制菜的方法,即将原料经过初加工处理后，再放入热水中烹制成熟的成菜方法。

3．盐水煮的技巧

盐水虾为海鲜冷菜，虾在烫制时，应以断生为佳，盐水料煮完后晾凉，泡虾30分钟左右立刻捞出，否则，虾肉的肉质发面，影响口感。

五、工作过程

1．选料

原料准备如图2-6-2所示。

基围虾500克：体被呈虎皮花纹淡棕色，腹部游泳肢鲜红色，额角上缘6～9齿，下缘无齿，中央无沟。成熟虾雌大于雄，体长为80～150毫米，体重为5～50克。

图2-6-2　原料准备

调料：葱50克、姜40克、料酒10克、大料10克、花椒10克、桂皮3克、小茴香3克。

2．工具准备

片刀1把、砧板1块、餐盘1个、水盆1个、消毒毛巾1条、餐巾纸1包、煸锅1个、漏勺1个、手勺1个、筷子1双、沙拉碗1个。

3．盐水虾制作步骤

盐水虾制作步骤如图2-6-3所示。

将基围虾控尽水分。

把基围虾放入开水中焯烫，在水中加入精盐、料酒。

将焯烫好的虾盛入容器中，备用。

工艺关键：烫虾时，水应大开，虾呈橙红色，弯成C型即可捞出。

另烧一锅水，水中加入葱、姜、料酒、花椒、大料、桂皮、小茴香，待煮到香味浓郁时晾凉，备用。

将晾好的料汁倒入煮好的虾中，泡制30分钟。

最后将基围虾呈扇形码放在盘中，用花瓣加以点缀。

工艺关键：煮好后的调料应放凉浇入虾中，放入冰箱冰镇5～6小时再装盘。

图2-6-3　盐水虾制作步骤

4．拼制

此菜肴是使用码放的手法制作而成，要求码放成扇形，色彩搭配合理。

5．保鲜

将制作好的盐水虾用保鲜膜封好放入冰箱保鲜，避免水分流失。注意煮好的盐水虾不可长时间泡制；否则，虾肉会变得不脆嫩。装盘时可带皮上桌，也可将虾壳剥下再上桌。

六、评价参考标准

盐水虾评价标准

评价内容	评价标准	配分	自评得分	互评得分
色泽	色泽橘红，通体白红相间	20		
口味	虾肉清脆口味咸鲜	20		
质感	清脆口味咸鲜	20		
装盘	装盘形态饱满，色、形、量与盛装器皿搭配协调，造型美观	20		
卫生	原材料新鲜，操作工具、盛装器皿洁净卫生，操作过程严格按照"五专"的要求	20		
教师综合评价				

七、检测与练习

（一）基础知识练习

1．基围虾分布于_____。

2．盐水虾属于凉菜的_____烹调法。

3．盐水虾的工艺流程包括_____、_____、_____、_____。

（二）动手操作

1．自己选料运用冷菜拌制手法出一盘菜。

2．自己选料试着拼出扇面形状。

八、知识链接

相关原料知识：

基围虾（图 2-6-4）产卵盛期为每年的 4—8 月，海捕虾成活率较高，为珠江口一带渔民出口港澳活鲜虾之一。广东沿岸海域均有分布，自 1986 年进行人工育苗成功以来，已开始养殖，是广东海区重要经济虾类之一。

图 2-6-4　基围虾示意图

基围虾以壳薄、体肥、肉嫩、味美而著称，营养丰富，其肉质松软，易消化，对于身体虚弱以及病后需要调养的人是极好的食物；虾中含有丰富的镁，能很好地保护心血管系统，它可减少血液中胆固醇含量，防止动脉硬化，同时还能扩张冠状动脉，有利于预防高血压及心肌梗死；虾肉还有补肾壮阳、通乳抗毒、养血固精、化瘀解毒、益气滋阳、通络止痛、开胃化痰等功效。体被淡棕色，腹部游泳肢鲜红色，额角上缘 6～9 齿，下缘无齿，无中央沟。第一触角上鞭短于头胸甲长的一半。体长范围为 80～150 毫米，体重范围为 5～50 克。虾肉具有味道鲜美、营养丰富的特点，据分析，每百克鲜虾肉中含水分 77 克，蛋白质 20.6 克，脂肪 0.7 克，钙 35 毫克，磷 150 毫克，铁 0.1 毫克，维生素 A360 国际单位。还含有维生素 B1、维生素 B2、维生素 E、尼克酸等。虾皮的营养价值更高，每百克含蛋白质 39.3 克，钙 2 000 毫克，磷 1 005 毫克，铁 5.6 毫克，其中钙的含量为各种动植物食品之冠，特别适宜于老年人和儿童食用。

食盐（图 2-6-5）的作用很广，具有杀菌消毒、护齿、美容、清洁皮肤、去污、医疗等功效，是重要的化工原料，《神农本草》记载："食盐宜脚气，洁齿、坚齿，治一切皮肤诸症。"每天早晨喝一杯盐开水，可以避免嗓音发哑。如果误食了有毒食物，喝点盐开水，可以解毒。盐还具有调味作用。在烹调菜肴中加

图 2-6-5　食盐示意图

入食盐可以除掉原料的一些异味，增加美味，这就是食盐的提鲜作用。食盐，又称餐桌盐，是对于人类生存最重要的物质之一，也是烹饪中最常用的调味料。盐的主要化学成分氯化钠（化学式 NaCl）在食盐中含量为 99%，部分地区所出品的食盐加入氯化钾之后降低了氯化钠的含量，可以降低高血压发生率。同时世界大

部分地区的食盐都通过添加碘来预防碘缺乏病,添加了碘的食盐叫作碘盐。

盐起源于中国。"盐"字本意是"在器皿中煮卤"。《说文》中记述:天生者称卤,煮成者叫盐。传说黄帝时有个叫夙沙的诸侯,以海水煮卤,煎成盐,颜色有青、黄、白、黑、紫五样。现在推断中国人大约在神农氏(炎帝)与黄帝之间的时期开始煮盐。中国古时的盐是用海水煮出来的。20世纪50年代福建有文物出土,其中有煎盐器具,证明了仰韶时期(公元前5000年~前3000年)古人已学会煎煮海盐。

九、思维拓展

根据盐水煮的技法更换主料,还可以制作以下菜肴(图2-6-6)。

图 2-6-6 思维拓展示意图
(a)盐水鸭;(b)盐水鸡胗;(c)盐水花生

任务七 冷菜糖醋小排的制作

一、任务描述

在冷菜厨房中,根据厨房定制的商务宴制作糖醋小排,根据猪小排骨头细小、肉质细腻的特点,运用冷菜炸、烧的技法完成菜肴的制作,用堆、排的手法完成菜肴装盘。

二、学习目标

(1)初步掌握糖醋小排的造型设计、原料采购,原料及成品加工、制作、保管的工作过程。

(2)初步掌握糖醋小排的原料及成品加工、冷菜制作中炸烧的实践操作规范和方法。

(3)能掌握糖醋小排的装盘及操作关键。

(4)能掌握糖醋小排的炸制与烧制的技巧,会调糖醋汁。

(5)能根据糖醋小排的制作要求,学会类似冷菜的制作方法。

三、成品质量标准

糖醋小排成品如图2-7-1所示。

图 2-7-1 糖醋小排成品

此菜肴色彩艳丽,酸甜可口,小巧精致。小排色泽枣红,汁浓,味道醇香,造型美观,装盘手法突出立体感、新颖性。

四、知识与技能准备

制作糖醋小排的具体过程如下。

1. 造型设计

运用堆的手法将烧好的小排摆在长方盘中,并撒上芝麻。然后将樱桃萝卜刻成简单的花作为点缀放在盘中。

2．烹调技法

糖醋小排采用的是冷菜烹调法——烧，其成品具有质地酥软、干香滋润的特点，口味有咸甜味、五香味、麻辣味、糖醋味、茄汁味、咸鲜味等。烧制的菜肴既可热制热吃，亦可热制冷吃，风味各异，尤其当菜肴制好后放置一段时间，使其味透肌理，更有特色。

3．糖醋汁的调制关键

糖醋小排的颜色是由三种调料决定的，即糖色、红曲水、米醋。糖醋汁中糖和米醋的比例为 3 : 1，但在烧制菜肴时往往要多放一些米醋，因为在烧制过程中米醋要挥发一部分，所以临出锅时应再加一些米醋，增加糖醋的味道。

糖醋小排的用料比例：500 克猪小排应放 150 克白糖，约 60 克左右的米醋，5 克左右的精盐，100 克的糖色和 50 克左右的红曲水。

4．烧制糖醋小排的关键

（1）小排改刀大小要均匀，形状整齐。

（2）炸小排时间不能过长，以免变得过老。

（3）用旺火收稠浓汁时，要注意不断翻锅，以免焦煳。

五、工作过程

1．选料

原料准备如图 2-7-2 所示。

猪小排 1 000 克：猪小排是指猪腹腔靠近肚腩部分的排骨，它的上面是肋排和子排。猪小排的肉层比较厚，而且含有白色软骨。

图 2-7-2　原料准备

调料：葱段 30 克、姜片 30 克、桂皮 3 克、花椒 3 克、大料 3 克、精盐 4 克、酱油 25 克、料酒 50 克、白醋 80 克、白糖 150 克、熟芝麻 30 克、红曲米 25 克。

2．工具准备

片刀 1 把、砧板 1 块、餐盘 1 个、水盆 1 个、消毒毛巾 1 条、餐巾纸 1 包、蔬菜甩干机 1 个、煸锅 1 个、漏勺 1 个、筷子 1 双、神灯 1 个、沙拉碗 1 个。

3．糖醋小排制作步骤

糖醋小排制作步骤如图 2-7-3 所示。

把小排切成条形。	把小排切成约1.5厘米的块。	把切好的小排腌制20分钟。

工艺关键：选用猪小排的中间的骨头应小而细，酱油腌制主要是为了炸制时上色，所以最好选用老抽，这样腌制出的小排可以呈金红色。

将腌好的小排放入热油中炸至金红色即可。	把炸好的小排放入红曲水中烧成橙红色，收汁入味即可出锅。	把烧好的小排摆入盘中。

工艺关键：炸制小排时油温应在八成热，在锅内放入底油和白糖，炒至糖色呈枣红、出现大泡时烹入料酒，即成为糖色，此时再加入红曲水和调味料，这样烧出的小排才能呈枣红色。装盘时可撒上芝麻增香。

图 2-7-3　糖醋小排制作步骤

4．拼制

运用堆的手法将烧好的小排摆在长方盘中，再撒上芝麻。

5．保鲜

将制成的糖醋小排用保鲜膜包好，放入冰箱冷藏即可（应尽快食用，在保鲜正常的情况下，最多能够放置2天）。

六、评价参考标准

糖醋小排评价标准

评价内容	评价标准	配分	自评得分	互评得分
色泽	色泽枣红明亮，颜色亮丽	20		
口味	味道酸甜醇香	20		
质感	口感滑韧	20		
装盘	装盘形态饱满，色、形、量与盛装器皿搭配协调，造型美观	20		

评价内容	评价标准	配分	自评得分	互评得分
卫生	原材料新鲜，操作工具、盛装器皿洁净卫生，操作过程严格按照"五专"的要求	20		
教师综合评价				

七、检测与练习

（一）基础知识练习

1．糖醋小排应用猪的_____。（部位）

2．炸排骨时应用_____成熟的油温。

3．烧制排骨时是否应把汁烧干。_____

（二）动手操作

1．自己选料运用冷菜炸制手法出一盘菜。

2．试着用其他原料做一份糖醋味道的菜肴。

八、知识链接

主料猪小排：猪肉为人类提供优质蛋白质和必需的脂肪酸。猪肉可提供血红素（有机铁）和促进铁吸收的半胱氨酸，能改善缺铁性贫血。一般人都可食用；湿热痰滞内蕴者慎服；肥胖、血脂较高者不宜多食。

以每100克猪小排计：热量278.00千卡，蛋白质16.70克，脂肪23.10克，碳水化合物0.70克，胆固醇146.00毫克，维生素A 5.00微克，硫胺素0.30毫克，核黄素0.16毫克，尼克酸4.50毫克，维生素E 0.11毫克，钙14.00毫克，磷135.00毫克，钾230.00毫克，钠62.60毫克，镁14.00毫克，铁1.40毫克，锌3.36毫克，硒11.05微克，铜0.17毫克，锰0.02毫克。

猪小排味甘咸、性平，入脾、胃、肾经；补肾养血，滋阴润燥；猪小排主治热病伤津、消渴羸瘦、肾虚体弱、产后血虚、燥咳、便秘、补虚、滋阴、润燥、滋肝阴、润肌肤、利二便和止消渴。

调料红曲米水：红曲就是曲霉科真菌紫色红曲霉，又称红曲霉，是用红曲霉菌在大米中培养发酵而成；红曲水是用红曲米染色而成，一般都是把红曲米制成红曲水使用，其方法是：将红曲米 50 克用石磨或粉碎机碾碎，然后放入 1 升清水中煮沸，改小火续煮 5 分钟，然后用纱布过滤去渣，即得红曲水；红曲粉是将红曲米经粉碎后成为红曲粉。在烹饪中，红曲米的应用较为广泛，可用于烧菜染色，如江苏名菜樱桃肉、无锡排骨的制作；可用于烧腊、酱卤食品，如广东叉烧和某些卤水的制作；可用于红肠一类的灌肠上色，以及配制糖醋、西汁等复合味时调色。

粥饭、面食、腐乳、糕点、糖果、蜜饯等在制作中也经常用到红曲米。红曲味甘性温，入肝、脾、大肠经；具有活血化瘀、健脾暖胃消食等功效；可用于治产后恶露不净、淤滞腹痛、食积饱胀、赤白下痢、跌打损伤等症。《本草纲目》认为"凡七情六欲之病于气以致血涩者，皆宜佐之"。

九、思维拓展

利用炸烧的技法更换主料，还可以制作以下菜肴（图 2-7-4）。

图 2-7-4 思维拓展示意图
(a) 麻辣牛肉条；(b) 豉汁蒸凤爪；(c) 油焖烤麸

单元二 冷菜制作

任务八 冷菜樟茶鸭子的制作

一、任务描述

在冷菜厨房中，根据厨房定制的国宴制作樟茶鸭子，根据麻鸭肉质的细滑肥美以及大米和茶叶的清香，运用冷菜熏、蒸、炸的技法完成菜肴的制作，用排的手法完成菜肴装盘。

二、学习目标

（1）初步掌握樟茶鸭子的造型设计、原料采购，原料及成品加工、制作、保管的工作过程。

（2）初步掌握樟茶鸭子的原料及成品加工、冷菜制作中熏、蒸、炸的实践操作规范和方法。

（3）能掌握樟茶鸭子的装盘及操作关键。

（4）能掌握樟茶鸭子的制作工艺关键。

（5）能根据樟茶鸭子的制作要求，学会类似冷菜的制作方法。

三、成品质量标准

樟茶鸭子成品如图 2-8-1 所示。

此菜肴色泽红润，皮酥肉嫩，味道鲜美，造型美观，装盘手法独特、新颖。

图 2-8-1 樟茶鸭子成品

四、知识与技能准备

制作樟茶鸭子的具体过程如下。

1. 造型设计

用正方盘将切好的樟茶鸭子码放在其中，并用雕刻虾趣作为装饰，旁边再放少量松枝即可。

2. 烹调技法

樟茶鸭子采用的是冷菜烹调法——熏制，其特点是色泽美观光亮，而且有熏料的特殊芳香气味。

3. 熏的技巧

熏有生熏和熟熏两种。生熏是将加工好的原料用调料浸渍一定时间，再放入熏锅里，利用熏料（锯末、茶叶、甘蔗皮、砂糖等）起烟熏制。熟熏使用的原料绝大部分都是经过蒸、煮、炸等方法处理的熟料。烟熏的特点是制品有特殊香味，并且色泽光亮。

五、工作过程

1. 选料

原料准备如图 2-8-2 所示。

图 2-8-2 原料准备

麻鸭 5 000 克：应选用体躯小而狭长，舌头饱满，嘴长而颈细，前身小，后躯大，臀部丰满下垂，行走时体躯呈45度角，体型结构匀称，紧凑结实的。

大米 250 克：应选择有光泽，无异味，呈白色透明状，细长饱满，完整无破损的米粒。

调料：淮盐 150 克、茉莉花茶 50 克、锯末 100 克、花椒 3 克、大料 3 克、桂皮 3 克、丁香 2 克、白芷 3 克、香叶 3 克、料酒 100 克、五香粉和白糖适量。

2. 工具准备

餐盘1个、消毒毛巾1条、餐巾纸1包、煸锅1个、漏勺1个、方盘1个、尺板1个、吸油纸1包、片刀1把。

3. 樟茶鸭子制作步骤

樟茶鸭子制作步骤如图 2-8-3 所示。

将香叶、大料、花椒、五香粉、淮盐等调味料在锅中炒香。

把炒好的香料用筛子过一下，将淮盐筛下。

把筛出来的淮盐均匀地撒在鸭子上，反复搓均匀并拿去晾皮。

图 2-8-3 樟茶鸭子制作步骤

工艺关键：将香料用淮盐炒香，趁热将鸭子的内腔、外皮抹匀。此过程是制作樟茶鸭子的关键步骤，外皮和内腔不能太咸也不能太淡，尤其是鸭子的口腔和脖子处抹匀淮盐。晾皮时应将鸭子挂在阴凉通风处，如果在夏天，则将鸭子放在风房内吹干表皮。

在锅底放入锡纸，里面加入茉莉花茶、大米、白糖、清水、锯末等料。

将晾好的鸭子放在锅中熏制20分钟。

把熏好的鸭子放在蒸箱中蒸制90分钟。

工艺关键：熏鸭时，锡纸垫入锅底，目的是防止锅内的茶叶和大米粘锅，熏鸭时应盖紧锅盖，不能漏烟跑味，熏成金红色后立即放入蒸锅中蒸制90分钟。

把蒸好的鸭子用热油过一下，使其表面酥脆。

把鸭子切成相同大小的块码放在盘中。

上桌时用油刷给鸭子刷一层油，使其色泽更亮。

工艺关键：炸鸭子时油温应用五六成热，炸至枣红色捞出改刀装盘。樟茶鸭子可热食也可凉食，是四川著名菜肴之一。

图 2-8-3　樟茶鸭子制作步骤（续）

4．拼制

此菜肴采用排的手法，要求把鸭肉码成过桥形，形态饱满，立体感强，颜色鲜明艳丽，各色蔬菜丝在旁边起到点缀和衬托的作用。

5．保鲜

在炸制好的樟茶鸭子表面刷一层油，再用保鲜膜封好（尽量不破坏菜肴造型），然后放入冷藏柜中冰镇20分钟即可食用。

六、评价参考标准

樟茶鸭子评价标准

评价内容	评价标准	配分	自评得分	互评得分
色泽	色泽枣红，颜色亮丽	20		
口味	味道咸鲜，有浓郁的烟熏及茶香味	20		

续表

评价内容	评价标准	配分	自评得分	互评得分
质感	口感酥嫩	20		
装盘	装盘形态饱满，色、形、量与盛装器皿搭配协调，造型美观	20		
卫生	原材料新鲜，操作工具、盛装器皿洁净卫生，操作过程严格按照"五专"的要求	20		
教师综合评价				

七、检测与练习

（一）基础知识练习

1. 樟茶鸭子一般选用哪种鸭子。_____

2. 樟茶鸭子选用_____来熏鸭子。

3. 炸鸭子时应用_____成油温。

（二）动手操作

1. 自己选料运用冷菜炸制手法出一盘菜。

2. 试着用其他家畜来制作菜肴。

八、知识链接

麻鸭（图2-8-4）是我国家鸭祖先之一，野生种群极为丰富，也是我国传统狩猎鸟类之一，每年都有大量的猎取量。近年来由于过度猎取，加之生境条件恶化，致使种群数量日趋减少，因此应注意种群和生境的保护和管理。麻鸭体躯小而狭长，舌头饱满，嘴长而颈细，前身小，后躯大，臀部丰满下垂，行走时体躯呈45度角，体型结构匀称，紧凑结实，具有典型的蛋用型体型。适用于体内有热、上火的人食用；发低热、体质虚弱、食欲不振、大便干燥和水肿的人，食之更佳。同时适宜营养不良、产后病后体虚、盗汗、遗精、妇女月经少、咽干口渴者食用；还适宜癌症患者及放疗化疗后、糖尿病、肝硬

图2-8-4 麻鸭示意图

化腹水、肺结核、慢性肾炎浮肿者食用。

樟茶鸭子（图2-8-5）是川菜宴席的一款名菜。此菜是选用成都南路鸭，以白糖、酒、葱、姜、桂皮、茶叶、八角等十几种调味料调制，用樟木屑及茶叶熏烤而成，故名"樟茶鸭子"。其皮酥肉嫩，色泽红润，味道鲜美，具有特殊的樟茶香味。许多中外顾客品尝后，称赞不已，说它可与北京烤鸭相媲美。四川名厨访问香港特区时，不少顾客食用此菜后大加赞扬，说它是"一款融色、香、味、形四绝于一体的四川名菜"，引起各界人士极大的轰动，其名声逐渐传扬海外，现在许多到四川旅游的华侨及国际友好人士，都要品尝"樟茶鸭子"。

图 2-8-5 樟茶鸭子示意图

九、思维拓展

利用熏的技法更换主料，还可以制作以下菜肴（图2-8-6）。

图 2-8-6 思维拓展示意图
(a) 熏肉；(b) 腊肉；(c) 熏肠；(d) 熏大肠；(e) 五香熏鱼；(f) 熏肝

任务九 冷菜苏式五香鱼的制作

一、任务描述

在冷菜厨房中，根据厨师定制的便宴制作苏式五香鱼，根据鲈鱼等原料运用冷菜炸、卤、浸、收汁的技法完成菜肴的制作，用堆的手法完成菜肴装盘。

二、学习目标

（1）初步掌握苏式五香鱼的造型设计、原料采购，原料及成品加工、制作、保管的工作过程。

（2）初步掌握苏式五香鱼的原料及成品加工、冷菜制作中油炸卤浸的实践操作规范和方法。

（3）能掌握苏式五香鱼的装盘及操作关键。

（4）能掌握苏式五香鱼的制作工艺关键。

（5）能根据苏式五香鱼的制作要求，学会类似冷菜的制作方法。

三、成品质量标准

苏式五香鱼成品如图2-9-1所示。

此菜肴色泽栗红，外酥里嫩，香甜微咸，五香味浓郁，造型简易，装盘手法立体感强、新颖。

图2-9-1 苏式五香鱼成品

四、知识与技能准备

制作苏式五香鱼的具体过程如下。

1. 造型设计

选用八寸圆盘，将制作好的鱼条利用堆摆的方法码成两座小山形，旁边点缀法香。

2. 烹调技法

制作苏式五香鱼使用的冷菜烹调法——油炸卤浸就是一种把原来用油炸过

的菜肴，再以中小火自然收汁入味，或趁热浇上事先兑好的味汁，或以卤汁浸渍的烹调方法。油炸卤浸制作出来的冷菜有色泽红润、醇香味浓、干香酥脆的特点。

3．油炸卤浸的操作要领

（1）油炸卤浸的原料一般不挂糊上浆，直接下入油锅中炸。

（2）油炸前需要用调味品腌渍，原料不宜太咸，并且要沥干水分。

（3）兑制的调味汁与原料比例要恰当，调味汁口味要醇厚。

（4）在火候运用上，应先用小火煮至入味，再转用中小火自然收稠卤汁。

五、工作过程

1．选料

原料准备如图 2-9-2 所示。

鲈鱼 1 000 克：应选用鱼体呈青灰色，鱼身呈纺锤形，嘴尖肚圆，肉质白嫩、清香，略有腥味，肉为蒜瓣形的。

图 2-9-2　原料准备

调料：五香粉 10 克、八角 5 克、花椒 3 克、桂皮 3 克、葱 75 克、姜 50 克、蒜 50 克、酱油 25 克、白糖 20 克、米醋 20 克、精盐 10 克、面粉 25 克、料酒 75 克、香油 3 克、花生油 1 000 克。

2．工具准备

片刀 1 把、砧板 1 块、餐盘 1 个、水盆 1 个、消毒毛巾 1 条、餐巾纸 1 包、蔬菜甩干机 1 个、手布 1 块、煸锅 1 个、漏勺 1 个、玻璃碗 1 个、筷子 1 双。

3．苏式五香鱼制作步骤

苏式五香鱼制作步骤如图 2-9-3 所示。

  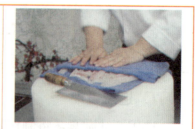

将鲈鱼沿脊椎骨片开并将皮去除。　将其切成长约 0.5 厘米的鱼条并清洗。　用消毒毛巾将鱼条吸干水分。

工艺关键：剔脊骨时，走刀要准、稳，尽量剔净，剔完后立即用冷水反复将鲈鱼漂洗干净，用干净手布吸干水分，除尽血水去腥。

图 2-9-3　苏式五香鱼制作步骤

 在吸干水分的鱼条上撒匀干面粉。	 将拌有干面粉的鱼条炸至金黄色即可出锅。	 在锅中放入酱油、葱、姜、蒜、料酒等调料烧开。

工艺关键：吸干水分的鱼肉加入料酒、盐、胡椒粉腌制入味后再放入面粉拌匀，此方法主要是为了炸鱼条时避免粘连，炸鱼时油温尽量控制在约六成热，逐条下入锅中。用中火浸炸，使鱼条酥脆，烧制鱼条使其更好地吸汁入味，做好准备。

 再把鱼条放入烧开的汁中烧10分钟即可出锅。	 在盘中进行简单盘饰。	 用堆的手法将鱼条摆入盘中。

工艺关键：烧鱼时，味汁要浓而少，避免鱼肉粘连破碎，鱼条完全冷却后再进行装盘，风味更佳。装盘后在鱼条上撒一些炒好的芝麻可使其味道更香。

图 2-9-3　苏式五香鱼制作步骤（续）

4．拼制

此菜肴使用的是堆放的手法，要求堆放成山形，形态饱满高挺，颜色鲜明艳丽。

5．保鲜

将制作好的苏式五香鱼用保鲜膜封好，尽量不破坏菜肴造型，然后放入冷藏柜中冰镇20分钟即可食用。

六、评价参考标准

苏式五香鱼评价标准

评价内容	评价标准	配分	自评得分	互评得分
色泽	色泽明亮，颜色亮丽	20		
口味	味道香甜微咸五香味浓郁	20		
质感	口感外酥里嫩	20		

续表

评价内容	评价标准	配分	自评得分	互评得分
装盘	装盘形态饱满，色、形、量与盛装器皿搭配协调，造型美观	20		
卫生	原材料新鲜，操作工具、盛装器皿洁净卫生，操作过程严格按照"五专"的要求	20		
教师综合评价				

七、检测与练习

（一）基础知识练习

1．苏式五香鱼属于_____菜系。

2．炸制鱼条时所用油温为_____成热。

3．制作苏式五香鱼时选用_____鱼为好。

（二）动手操作

1．自己选料运用冷菜炸制手法出一盘菜。

2．试着用其他鱼类制作菜肴。

八、知识链接

鲈鱼（图2-9-4）又称花鲈、寨花、鲈板、四肋鱼等，俗称鲈鲛。鲈鱼肉质白嫩、清香，没有腥味，肉为蒜瓣形，最宜清蒸、红烧或炖汤。鲈鱼分布于太平洋西部、中国沿海及通海的淡水水体中，黄海、渤海较多，为常见的经济鱼类之一，也是发展海水养殖的品种。鲈鱼富含蛋白质、维生素A、B族维生素、钙、镁、锌、硒等营养元素；具有补肝肾、益脾胃、

图2-9-4　鲈鱼示意图

化痰止咳之效，对肝肾不足的人有很好的补益作用；鲈鱼还可治胎动不安、生产少乳等症，准妈妈和生产妇女吃鲈鱼既补身又不会造成营养过剩而导致肥胖，是健身补血、健脾益气和益体安康的佳品；鲈鱼血中有较多的铜元素，铜能维持神经系统的正常功能并参与数种物质代谢的关键酶的功能发挥，铜元素缺乏的人可

食用鲈鱼来补充。

五香粉是将超过5种的香料研磨成粉状混合，其广泛用于东方料理的辛辣口味的菜肴，尤其适合用于烘烤或快炒肉类、炖、焖、煨、蒸、煮菜肴作调味。其名称来自中国文化对酸、甜、苦、辣、咸五味要求的平衡。五香粉因配料不同，有多种不同口味和不同的名称，如麻辣粉、鲜辣粉等，是家庭烹饪、佐餐不可缺少的调味料。

八角（图2-9-5）又称茴香、八角茴香、大料和大茴香。是八角茴香科八角属的一种植物。其同名的干燥果实是中国菜和东南亚地区烹饪的调味料之一。主要分布于中国南方。果实在秋冬季采摘，干燥后呈红棕色或黄棕色。气味芳香而甜，全果或磨粉使用。八角生于亚热带湿暖山谷中，分布于福建、广东、广西、贵州、云南等省区。台湾、福建、广东、贵州、云南、浙江等省区均有栽培。其中，广西壮族自治区藤县八角产量为全国之首，被称为八角之乡；广西桂平市中沙镇大容山为绿色天然无硫干、湿货八角基地。广西是八角茴香的主要产地，主要分布在桂西南、桂南、桂东南、桂中部分县，桂西北、桂北也有一些县生产，面积约320万亩，产量在1万吨以上，占全国总产量的90%左右，广西既是八角茴香的主产地，也是全国最大的集散地。

图2-9-5　八角示意图

九、思维拓展

根据油炸卤浸技法更换主料，还可以制成以下菜肴（图2-9-6）。

（a）　　　　　　　　　（b）　　　　　　　　　（c）

图2-9-6　思维拓展示意图
（a）五香猪蹄；（b）五香牛肉；（c）五香素鸡卷

图 2-9-6 思维拓展示意图（续）
（d）五香豆干；（e）五香兔头；（f）五香鸭胗

任务十　冷菜紫菜墨鱼卷的制作

一、任务描述

在冷菜厨房中，根据厨房定制的国宴制作紫菜墨鱼卷，根据墨鱼、紫菜等原料运用冷菜卷、蒸的技法完成菜肴的制作，用堆摆的手法完成菜肴装盘。

二、学习目标

（1）初步掌握紫菜墨鱼卷的造型设计、原料采购，原料及成品加工、制作、保管的工作过程。

（2）初步掌握紫菜墨鱼卷的原料及成品加工、冷菜制作中卷制法的实践操作规范和方法。

（3）能掌握紫菜墨鱼卷的装盘及操作关键。

（4）能掌握紫菜墨鱼卷的制作工艺关键。

（5）能根据紫菜墨鱼卷的制作要求，学会类似冷菜的制作方法。

三、成品质量标准

紫菜墨鱼卷成品如图2-10-1所示。

图2-10-1　紫菜墨鱼卷成品

此菜色彩艳丽，口味咸鲜，造型美观，装盘手法独特、新颖。

四、知识与技能准备

制作紫菜墨鱼卷的具体过程如下。

1．造型设计

此菜肴运用摆的手法将切好的紫菜墨鱼卷码成扇形，摆在长方异形盘中，旁边摆上用黄瓜切成的梳子块作为点缀。

2．卷制法的技巧

卷制法就是在蛋皮或油皮以及一些薄片类的原料上抹一层细肉泥或放置一些经过细加工处理后的辅料，再卷成卷，烹制成熟或腌制入味的一种成菜过程。

3. 卷制法的成菜特点

装盘时便于造型，切配后可拼码出许多逼真图形，菜品风味多样，做工精细。

五、工作过程

1. 选料

原料准备如图 2-10-2 所示。

大墨鱼 1 500 克：选用眼睛透明发黑，浑身有弹性，呈黑灰色，有光泽，鱼体完整的。

日本寿司紫菜 1 袋：最好选用日本寿司紫菜，寿司紫菜厚度为一页纸张的厚度，表面光滑干燥，口感咸鲜，回甜酥脆。

鸡蛋 1 000 克、生粉 100 克、葱 10 克、姜 10 克、猪油 30 克、精盐 15 克、鸡汤 50 克、水淀粉和料酒适量。

图 2-10-2　原料准备

2. 工具准备

餐盘 1 个、消毒毛巾 1 条、餐巾纸 1 包、煸锅 1 个、漏勺 1 个、方盘 1 个、尺板 1 个、吸油纸 1 包、片刀 1 把。

3. 紫菜墨鱼卷制作步骤

紫菜墨鱼卷制作步骤如图 2-10-3 所示。

将葱、姜、蒜拍碎后加入料酒制作成葱姜水。

把切好的长约 3 厘米的墨鱼条洗净。

把墨鱼条打成泥并加入精盐、料酒、水淀粉、鸡汤等。

工艺关键：制作葱姜水时应加少量水，使葱姜汁浓稠。墨鱼在打泥之前要反复清洗，除去黑皮。打泥时要加入蛋清，这样可以使打出的墨鱼泥更白、更细嫩。

将鸡蛋分为蛋清和蛋黄，将蛋黄打散成液状。

用蛋黄液摊制蛋皮。

把打好的墨鱼泥均匀地抹在蛋皮上。

图 2-10-3　紫菜墨鱼卷制作步骤

工艺关键：用纯蛋黄摊出的蛋皮，既黄又有筋力，如加入少许精盐，则风味更佳。将蛋皮卷成卷时应加入墨鱼泥并抹匀抹平，使卷出的墨鱼卷粗细均匀。

把寿司紫菜摊在墨鱼卷上面卷紧并用保鲜膜包紧。

将包好的墨鱼卷蒸制15分钟即可，然后用重物将其压紧实。

用摆放的手法将墨鱼卷切片，摆成扇形并加以盘饰装饰。

工艺关键：用保鲜膜将卷好的墨鱼卷封严，避免蒸制时发起，入蒸箱中小火慢蒸15分钟，注意，入蒸箱之前先用牙签在保鲜膜上扎几个小眼，再将蒸好的墨鱼卷用重物压实，这样切制时才不容易破碎。

图 2-10-3　紫菜墨鱼卷制作步骤（续）

4．拼制

此菜肴使用的是摆放的手法，要求摆放成扇形，形态饱满均匀，颜色鲜明艳丽。

5．保鲜

在蒸制好的紫菜墨鱼卷表面刷一层油，再用保鲜膜封好（尽量不破坏菜肴造型），放入冷藏柜冰镇20分钟即可食用。

六、评价参考标准

紫菜墨鱼卷评价标准

评价内容	评价标准	配分	自评得分	互评得分
色泽	色泽明亮，颜色亮丽	20		
口味	味道咸香	20		
质感	口感软糯	20		
装盘	装盘形态饱满，色、形、量与盛装器皿搭配协调，造型美观	20		
卫生	原材料新鲜，操作工具、盛装器皿洁净卫生，操作过程严格按照"五专"的要求	20		
教师综合评价				

七、检测与练习

（一）基础知识练习

1. 紫菜墨鱼卷卷好后上蒸箱蒸制_____分钟。
2. 蒸制墨鱼卷应用_____分钟。
3. 墨鱼卷蒸好后应用_____压制。

（二）动手操作

1. 自己选料运用冷菜炸制手法出一盘菜。
2. 试着用其他肉类原料制作卷类食品。

八、知识链接

紫菜（图2-10-4）是在海中互生藻类的统称。紫菜属海产红藻。叶状体由包埋于薄层胶质中的一层细胞组成，呈深褐、红色或紫色。同时紫菜还可以入药，制成中药后，具有化痰软坚、清热利水、补肾养心的功效。紫菜有着很高的营养价值，含有多种人体必需的营养成分。它的蛋白质含量比鲜蘑菇多9倍，每100克紫菜就含蛋白质26.2克。所

图2-10-4　紫菜示意图

含的维生素A、维生素B、维生素C和碘、钙、铁等微量元素也很丰富。其脂肪的含量也比海带多8倍，钙比干口蘑多2倍，尼克酸比木耳多1倍，核黄素比香菇多近10倍。紫菜营养丰富，含碘量很高，可用于治疗因缺碘引起的"甲状腺肿大"，并有软坚散结功能，对其他郁结积块也有用途。紫菜富含胆碱和钙、铁，能增强记忆，治疗妇幼贫血，促进骨骼、牙齿的生长和保健；含有一定量的甘露醇，可作为治疗水肿的辅助食品。紫菜所含的多糖具有明显增强细胞免疫和体液免疫功能，可促进淋巴细胞转化，提高机体的免疫力；可显著降低进血清胆固醇的总含量；紫菜的有效成分对艾氏癌的抑制率为53.2%，有助于脑肿瘤、乳腺癌、甲状腺癌、恶性淋巴瘤等肿瘤的防治。

墨鱼（图2-10-5）具有较高的营养价值和药

图2-10-5　墨鱼示意图

用价值。墨鱼每百克肉含蛋白质13克，脂肪仅0.7克，还含有碳水化合物和维生素A、B族维生素及钙、磷、铁等人体所必需的物质，是一种高蛋白低脂肪滋补食品。值得一提的是，它是女性塑造体型和保养肌肤之理想的保健食品。墨鱼壳含碳酸钙、壳角质、黏液质及少量的氯化钠、磷酸钙、镁盐等。墨鱼的墨汁含有一种粘多糖，实验证实对小鼠有一定的抑癌作用。

墨鱼壳，即"乌贼板"，学名叫"乌贼骨"，也是中医上常用的药材，称为"海螵蛸"，是一味制酸、止血、收敛之常用中药。

墨鱼适合人群：一般人群均能食用。

（1）适宜阴虚体质，贫血，妇女血虚经闭，带下，崩漏者食用；

（2）脾胃虚寒的人应少吃；高血脂、高胆固醇血症、动脉硬化等心血管病及肝病患者应慎食；患有湿疹、荨麻疹、痛风、肾脏病、糖尿病等疾病的人忌食；墨鱼鱼肉属动风发物，故有病之人酌情忌食。

墨鱼食疗作用：

（1）墨鱼味咸、性平，入肝、肾经；

（2）具有养血、通经、催乳、补脾、益肾、滋阴、调经、止带之功效；

（3）用于治疗妇女经血不调、水肿、湿痹、痔疮、脚气等症。

寿司（图2-10-6）大约在公元三世纪由中国沿海地区传至日本，原先只是以盐腌制的咸鱼，后来改为以米饭腌鱼，制成后将鱼与米饭一起食用，这即是现今寿司料理的前身。虽然寿司最早来自中国，但在千余年发展之后，却成为日本文化的代表之一！

寿司花色种类繁多。它的配料既可以是生的，也可以是熟的，或者腌过的。由于配料的不同，使得寿司的价格、档次差距甚大。

日本常说"有鱼的地方就有寿司"，这种食物据说来源于亚热带地区，那里的人发现，如果将煮熟的米饭放进干净的鱼腔内，积在坛中埋入地下，便可长期保存，而且食物还会由于发酵而产生一种微酸的鲜味，这也就是寿司的原型（即鲋寿司）。

现在日本的寿司，主要是由专门的寿司店制作并出售。店中身着白色工作服的厨师，会根据顾客的要求，将去了皮的鲜鱼切成片，和其他好材料码在等宽的米饭块上，由于各类鱼虾的生肉颜色不同，寿司也是五颜六色，十分好看。

图 2-10-6 寿司示意图
（a）示意一；（b）示意二

九、思维拓展

根据卷制的技法更换主料，还可以制作以下菜肴（图 2-10-7）。

图 2-10-7 思维拓展示意图
（a）肘花；（b）寿司；（c）蔬菜卷；（d）春卷；（e）豆腐菠菜卷；（f）腐皮卷

任务十一　冷菜酒烤猪肝的制作

一、任务描述

在冷菜厨房中，根据厨房定制的国宴制作酒烤猪肝，根据曲酒、猪肝、肥膘肉等原料的性质和特点，运用冷菜烤的技法完成菜肴的制作，用码的手法完成菜肴装盘。

二、学习目标

（1）初步掌握酒烤猪肝的造型设计、原料采购，原料及成品加工、制作、保管的工作过程。

（2）初步掌握酒烤猪肝的原料及成品加工、冷菜制作中烤的实践操作规范和方法。

（3）能掌握酒烤猪肝的装盘及操作关键。

（4）能掌握酒烤猪肝的烤制技巧。

（5）能根据酒烤猪肝的制作要求，学会类似冷菜的制作方法。

三、成品质量标准

酒烤猪肝成品如图 2-11-1 所示。

图 2-11-1　酒烤猪肝成品

此菜色彩艳丽，口味麻辣咸鲜酥脆，造型美观，装盘手法独特、新颖。

四、知识与技能准备

制作酒烤猪肝的具体过程如下。

1．造型设计

此菜肴运用码的手法将切好的猪肝码成扇形并摆入长方盘中，其中一角以牡丹花装饰，盘边的高脚杯内盛放红油汁。

2．烹调技法

酒烤猪肝的冷菜烹调法——烤是将加工处理好或腌渍入味的原料置于烤具内部，用明火、暗火等产生的热辐射进行加热的技法的总称。其特点是原料经烘烤后，表层水分散发，产生了松脆的表面和焦香的滋味。烤是最古老的烹调方法，自从人类发明了火后，最先使用的方法就是用野火烤食物吃。如今烤已经发生了重大变化，除了在火上烤外，更重要的是使用了调料和调味方法，改善了口味。烤制法的成菜特点：菜肴色泽油亮，烤制后菜品外层酥脆、干香，内层软嫩、柔韧，爽滑利口、口味浓厚、味透肌里、香味四溢。

3．酒烤猪肝的烤制技巧

烤箱温度应在220摄氏度左右，这样可保证猪肝内部的水分和营养不流失，待猪肝表皮呈棕黄色时，将烤箱温度升至280摄氏度左右，用中火慢烤。在烤制时放入蔬菜，是为了增加猪肝的香味，并且能够保证猪肝与烤盘不直接接触，烤的过程中应翻面；否则会影响菜肴的质量。

五、工作过程

1．选料

原料准备如图2-11-2所示。

图2-11-2 原料准备

猪肝1 000克：选用色泽棕红光亮，质地细嫩、表皮无破损和黑斑的。

洋葱100克：洋葱分为黄、紫、白三种颜色，表皮容易发干，以有光泽、干净、硬实、形状周正的为佳。

猪肥膘肉500克、姜50克、胡萝卜200克、芹菜200克。

调料：嗯汁5克、绵竹大曲5克、白糖20克、精盐15克、辣椒面10克、鸡粉10克、香油5克、老抽5克、孜然粉15克、食用油适量。

2．工具准备

片刀1把、砧板1块、餐盘1个、水盆1个、消毒毛巾1条、餐巾纸1包、蔬菜甩干机1个、煸锅1个、漏勺1个、筷子1双、沙拉碗1个。

3．酒烤猪肝制作步骤

酒烤猪肝制作步骤如图2-11-3所示。

将猪肝切成大小一致的三角块，并用刀将其中间穿透。	在猪肝中加入洋葱丝、葱、姜、蒜、老抽、精盐等调料拌匀。	将猪肥膘肉切成厚约5厘米的长条，加入白糖、绵竹大曲、精盐腌制1天。
工艺关键：猪肝必须片成相同大小的三角块，这样才能同时成熟，只有在猪肝中加入肥膘肉才能使其形似凤眼，口感更香。			

把猪肥膘肉插进猪肝中间的缝中。	把所有猪肝放入底部铺有胡萝卜、芹菜的烤盘中，上火烤制。	烤箱温度调为底火220摄氏度，上火220摄氏度，烤制1小时。
工艺关键：烤制时应用220摄氏度底火和上火，用洋葱、胡萝卜、芹菜垫底是为了避免猪肝粘在烤盘上，还能给其增加蔬菜的香味。烤制30分钟后应翻面，使猪肝受热均匀。			

将烤制1小时的猪肝取出。	在其表面刷一层食用油，然后放回烤箱再烤30分钟。	用摆放的手法将猪肝码入盘中。
工艺关键：出烤箱后应趁热刷食用油，再回烤箱将猪肝表皮烤成枣红色，待晾凉后再装盘。			

图 2-11-3　酒烤猪肝制作步骤

4．拼制

此菜肴使用的是弧形拼摆的手法，要求拼摆成扇面形，形态饱满高挺，颜色鲜明艳丽。

5．保鲜

在烤制好的酒烤猪肝表面刷一层食用油，再用保鲜膜封好，尽量不破坏其造型，然后放入冷藏柜中冰镇20分钟即可食用。

六、评价参考标准

酒烤猪肝评价标准

评价内容	评价标准	配分	自评得分	互评得分
色泽	色泽明亮，颜色亮丽	20		
口味	味道咸香	20		
质感	口感软糯	20		
装盘	装盘形态饱满，色、形、量与盛装器皿搭配协调，造型美观	20		
卫生	原材料新鲜，操作工具、盛装器皿洁净卫生，操作过程严格按照"五专"的要求	20		
教师综合评价				

七、检测与练习

（一）基础知识练习

1. 芹菜属于_____（植物）。
2. 烤制猪肝时_____摄氏度最为适宜。
3. 烤制猪肝需_____小时。

（二）动手操作

1. 自己选料运用冷菜炸制手法出一盘菜。
2. 试着用其他动物性原料制作菜肴。

八、知识链接

猪肝（图2-11-4）是动物体内储存养料和解毒的重要器官，含有丰富的营养物质，具有营养保健功能，是最理想的补血佳品之一。猪肝中铁质丰富，是补血食品中最常用的食物，食用猪肝可调节和改善贫血病人造血系统的生理功能；猪肝中含有丰富的维生素A，具有维持正常生长和生殖机能的作用；能保护眼睛，维持正常视力，防止眼

图2-11-4 猪肝示意图

睛干涩、疲劳，维持健康的肤色，对皮肤的健美具有重要意义；经常食用动物肝脏还能补充维生素 B2，这对补充机体重要的辅酶、完成机体对一些有毒成分的去毒有重要作用；猪肝中还具有一般肉类食品不含的维生素 C 和微量元素硒，能增强人体的免疫反应，抗氧化，防衰老，并能抑制肿瘤细胞的产生，也可治急性传染性肝炎。

芹菜（图 2-11-5）属伞形科植物，有水芹、旱芹两种，功能相近，药用以旱芹为佳。旱芹香气较浓，又名"香芹"，亦称"药芹"。芹菜是高纤维食物，它经肠内消化作用产生一种木质素或肠内脂的物质，这类物质是一种抗氧化剂，常吃芹菜，尤其是吃芹菜叶，对预防高血压、动脉硬化等都十分有益，并有辅助治疗作用。

图 2-11-5　芹菜示意图

曲酒如图 2-11-6 所示，酒曲酿酒是中国酿酒的精华所在。酒曲中所生长的微生物主要是霉菌。对霉菌的利用是中国人的一大发明创造。日本有位著名的微生物学家坂口谨一郎教授认为甚至可与中国古代的四大发明相媲美，这显然是从生物工程技术在当今科学技术的重要地位推断出来的。随着时代的发展，我国古代人民所创立的方法将日益显示其重要的作用。纵观世界各国用

图 2-11-6　曲酒示意图

谷物原料酿酒的历史，可发现有两大类，一类是以谷物发芽的方式，利用谷物发芽时产生的酶将原料本身的糖化成糖分，再用酵母菌将糖分转变成酒精；另一类是用发霉的谷物制成酒曲，用酒曲中所含的酶制剂将谷物原料糖化发酵成酒。从有文字记载以来，中国的酒绝大多数是用酒曲酿造的。

酒（图 2-11-7）的化学成分是乙醇，一般含有微量的杂醇和酯类物质，食用白酒的浓度在 60 度（即 60%）以下，白酒经分馏提纯至 75% 以上为医用酒精，提纯到 99.5% 以上为无水乙醇。酒是以粮食为原料经发酵酿造而成的。我国是最早酿酒的国家，早在 2000 年

图 2-11-7　酒示意图

前就发明了酿酒技术，并不断改进和完善，现在已发展到能生产各种浓度、各种香型、各种含酒的饮料，并为工业、医疗卫生和科学实验制取出浓度为 95% 以上

的医用酒精和 99.99% 的无水乙醇。由于酒的盛行，犯罪率急剧上升。喝酒容易让人麻痹、不清醒从而进行失去理智的行为。

辣酱油（图 2-11-8）又称喼汁、辣醋酱油，是一种英国调味料，味道酸甜微辣，色泽黑褐。最著名的辣酱油品牌是英国的李派林，辣酱油虽然品牌繁多，但在英国生产的，只有李派林一种。

图 2-11-8　辣酱油示意图

九、思维拓展

根据烤制的技法更换主料，还可以制作以下菜肴（图 2-11-9）。

图 2-11-9　思维拓展示意图
（a）烤叉烧肉；（b）深井烧鹅；（c）烤脆皮乳猪

任务十二 冷菜琥珀桃仁的制作

一、任务描述

在冷菜厨房中,根据厨房定制的国宴制作琥珀桃仁,根据核桃仁、芝麻酥脆香的质感特点,运用冷菜油炸后挂霜的技法制作。桃仁整齐饱满,呈琥珀色,口感酥脆香甜,具有浓郁的核桃香味,然后运用堆的装盘手法完成菜肴的制作。菜肴造型自然形态饱满、色彩搭配醒目,可以体现菜肴的风味特点。

二、学习目标

(1)初步掌握琥珀桃仁的造型设计、原料采购,原料及成品加工、制作、保管的工作过程。

(2)初步掌握琥珀桃仁的原料及成品加工、冷菜制作中油炸后挂霜的实践操作规范和方法。

(3)能掌握琥珀桃仁的装盘及操作关键。

(4)能掌握琥珀桃仁的制作技巧。

(5)能根据琥珀桃仁的制作要求,学会类似冷菜的制作方法。

三、成品质量标准

琥珀桃仁成品如图 2-12-1 所示。

此菜肴色泽呈琥珀色,口味酥、脆、甜,并伴有浓郁的核桃仁香味。

图 2-12-1 琥珀桃仁成品

四、知识与技能准备

制作琥珀桃仁的具体过程如下。

1. 造型设计

选用圆盘自然堆成山形,运用胡萝卜、苦菊等进行装饰点缀。

2. 烹调技法

制作琥珀桃仁的冷菜烹调技法——挂霜，是一种制作不带汁冷甜菜的烹调方法。主料一般需要加工成块、片或丸子状，然后用油炸熟，再蘸白糖即为挂霜。

挂霜的方法有两种：

一是将炸好的原料放在盘中，上面直接撒上白糖；二是将白糖加少量水或油熬溶收浓，再把炸好的原料放入拌匀，取出冷却。冷却后外面凝结一层糖霜。挂霜的特点：挂霜后的菜肴的口味通常是香甜、酥脆的，一般以植物性原料居多，或者采用较小型的动物性原料。此技法的技术含量较高，不易掌握。

3. 调料拌制技巧

用飞水去除桃仁表面杂质和表皮黑垢后，趁热将其拌入白糖和麦芽糖，这样可以迅速挂匀。

4. 炸制琥珀桃仁的技巧

炸时应采用150摄氏度左右的油温下锅中火炸制，炸制过程中应用手勺不断搅拌，将桃仁炸至漂浮在油面后立即捞出，将其放入方盘中应使其立即散开，避免粘连。

五、工作过程

1. 选料

核桃仁500克：选用核桃果仁，皮呈褐色且薄，表皮光亮且油润，完整无破损。

熟白芝麻50克：白芝麻选用色白、光滑、油润的，表面无尘土。

白糖100克、麦芽糖200克。

2. 工具准备

餐盘1个、水盆1个、消毒毛巾1条、餐巾纸1包、煸锅1个、漏勺1个、方盘1个、尺板1个。

3. 琥珀桃仁制作步骤

琥珀桃仁制作步骤如图2-12-2所示。

将整颗核桃仁分为两半。	用热水把麦芽糖烫化,备用。	水开后将桃仁下入锅中,再次滚开捞出。

工艺关键:将桃仁分成两半是为了装盘及食用方便,也是为了炸时更酥脆。麦芽糖要用热水浸泡,使之容易倒出,桃仁飞水主要目的是去除桃仁表面的杂质及苦涩味。

趁热将麦芽糖、白糖依次放入并拌匀。	待油温五成热时下入桃仁。	桃仁炸至呈琥珀色时捞出并盛入方盘中。

工艺关键:桃仁趁热拌入白糖和麦芽糖可以迅速挂匀。炸时应采用中小火,待桃仁炸至漂浮在油面时立即捞出,将其放入方盘中应立即使其散开,避免粘连。

撒入白芝麻并搅拌均匀,待冷却后即可装盘。	将桃仁成品堆成山形,并进行装饰。	摆盘后完成装饰。

工艺关键:趁热将粘连在一起的核桃掰开,使其容易装盘,如需做造型,可用喷枪将其黏结。

图 2-12-2 琥珀桃仁制作步骤

4. 拼制

此菜肴使用的是堆放的手法,要求堆放成山形,形态逼真,桃仁与盘底颜色形成鲜明对比。

5. 保鲜

将炸制好的菜肴用保鲜袋封好,然后再放入干燥避光处保存,之后开袋即可食用。

六、评价参考标准

琥珀桃仁评价标准

评价内容	评价标准	配分	自评得分	互评得分
色泽	色泽呈棕红琥珀色	20		
口味	口味香甜	20		
质感	口感酥脆	20		
装盘	装盘形态饱满，色、形、量与盛装器皿搭配协调，造型美观	20		
卫生	原材料新鲜，操作工具、盛装器皿洁净卫生，操作过程严格按照"五专"的要求	20		
教师综合评价				

七、检测与练习

（一）基础知识练习

1. 核桃仁属于_____科。
2. 琥珀桃仁属于凉菜的_____烹调法。
3. 琥珀桃仁的工艺流程包括_____、_____、_____、_____。

（二）动手操作

1. 自己选料运用冷菜拌制手法出一盘菜。
2. 搜集两道挂霜菜肴的图片及操作方法。

八、知识链接

核桃（图2-12-3）原产于晋东地区，又称胡桃、羌桃，与扁桃、腰果、榛子并称为世界著名的"四大干果"。既可以生食、炒食，也可以榨油，配制糕点、糖果等，不仅味美，而且营养价值很高，被誉为"万岁子""长寿果"。它的"足迹"几乎遍及世界各地，主要分布在美洲、欧洲和亚洲。其产量除美国外，即推中国。核桃在国外被称为"大力士食品""营养丰富的坚

图2-12-3 核桃示意图

果""益智果";在国内享有"养人之宝"的美称。其卓著的健脑效果和丰富的营养价值,已经为越来越多的人所推崇。核桃仁含有人体必需的钙、磷、铁等多种微量元素和矿物质,以及胡萝卜素、核黄素等多种维生素。核桃中所含脂肪的主要成分是亚油酸甘油酯,食后不但不会使胆固醇升高,还能减少肠道对胆固醇的吸收。核桃仁有较高的药用价值,《神农本草经》把它列为轻身益气、延年益寿的上品,历代医学家均视核桃仁为治疗疾病的上品。

核桃仁在中医上应用广泛。中国医学认为核桃性温、味甘、无毒,有健胃、补血、润肺、养神等功效。《神农本草经》将核桃列为久服轻身益气、延年益寿的上品。唐代孟诜著《食疗本草》中记述,吃核桃仁可以开胃,通润血脉,使骨肉细腻。宋代刘翰等著《开宝本草》中记述,核桃仁"食之令肥健,润肌,黑须发,多食利小水,去五痔"。明代李时珍著《本草纲目》记述,核桃仁有"补气养血,润燥化痰,益命门,处三焦,温肺润肠,治虚寒喘咳,腰脚重疼,心腹疝痛,血痢肠风"等功效。

芝麻(图2-12-4)俗称"脂麻""胡麻""油麻"。原产于非洲,汉代张骞出使西域,把芝麻带到我国,故称胡麻。因含脂肪较多,又称脂麻。

图2-12-4 芝麻示意图

麦芽糖(图2-12-5)由小麦和糯米制成,香甜可口,营养丰富,具有健胃消食等功效,是老少皆宜的食品。近年来风靡食品行业的益生元、益生菌,实际上就是麦芽糖的一种——低聚异麦芽糖,许多食品中含此营养物质,如雅客V9维生素糖果、蒙牛益生菌牛奶、叶原坊麦芽加应子、优之元儿童益生菌营养片等,并都借此概念在市场上获得不小成功。

图2-12-5 麦芽糖示意图

麦芽糖是米、大麦、粟或玉蜀黍等粮食经发酵制成的糖类食品。甜味不大,能增加菜肴品种的色泽和香味,全国各地均产。有软硬两种,软者为黄褐色浓稠液体,黏性很大,称胶饴;硬者系软糖经搅拌,混入空气后凝固而成,为多孔之黄白色糖饼,称白饴糖。药用以胶饴为佳。麦芽糖属双糖类白色针状结晶,易溶于水。味甜但不及蔗糖,有健脾胃、润肺止咳的功效,是老少皆宜的食品。

九、思维拓展

根据挂霜的技法更换主料，还可以制作以下菜肴（图 2-12-6）。

图 2-12-6　思维拓展示意图
（a）麻酥花生；（b）芝麻酥糖；（c）挂霜花生

单元二 小结

本单元我们完成了 12 个任务，都是训练冷菜制作基本技法，是由每个冷菜小组在冷菜厨房工作环境中配合共同完成。

冷菜制作任务一至二是以训练凉拌基本技法为主的实训任务，主要是了解生拌和熟拌如何运用，盘饰是巩固学生刀工的技法和简易盘饰造型。

冷菜制作任务三至六是以训练炝、炸、浸、盐水煮技法为主的实训任务，也是凉菜常用的基本技法，盘饰是巩固学生刀工的技法和简易盘饰造型。

冷菜制作任务七至十二是以训练烧、泡、糟、熏、收、蒸、烤、挂霜、冻技法为主的实训任务，主要是让学生能够灵活运用各种冷菜烹调技法进行冷菜制作，盘饰主要训练学生较复杂的造型技法。

为了便于记忆，可以参照下面的顺口溜。

冷菜制作顺口溜

炝制法，较常见，生拌熟拌味道鲜，花椒香油少不了。

炸卤浸，先过油，又香糖醋少不了，成品菜肴干香鲜。

酱卤货，重火候，筷子插透能顺出，五香味浓质地软。

做泡菜，要发酵，发酵过程要看牢，又脆又爽酸辣鲜。

烤制菜，不一般，研制过程不简单，猛火中火是关键。

冻类菜，很神奇，荤料皮鳞来制作，火候足时它自美。

挂霜菜，如下雪，熬制糖浆需黏稠，口味香甜质地酥。

单元二　检测

填空题

1. 制作朝鲜泡菜选用哪个地方的白菜？_____。

2. 鸭梨选用哪里产的为好？_____。

3. 紫甘蓝、苦菊属于_____菜类。

4. 丰收拌菜属于凉菜的_____烹调法。

5. 兑制怪味汁需要_____、_____、_____、_____、_____、_____等调料。

6. 核桃仁属于_____科。

7. 琥珀桃仁属于凉菜的_____烹调法。

8. 酱汤的_____对酱制品的_____有直接的影响，长期反复保存使用酱汤，称为_____。

9. 制作卤菜，主要用卤水。卤水分为_____和_____。

10. 卤过鸡鸭肉的卤汤是否能够卤牛羊肉？_____。

11. 芹菜属于_____植物。

12. 烤制猪肝时_____摄氏度最为适宜。

13. 开洋炝芹菜属于凉菜的_____烹调法。

14. 黄豆已有_____年的历史。

15. 豆腐已有_____年的历史。

16. 老北京豆酱的调味料包括_____、_____、_____。

17. 美极浸萝卜运用了_____烹调方法。

18. 制作美极浸萝卜的调味料包括_____、_____、_____。

19. 苏式五香鱼属于哪种菜系？_____。

20. 炸制鱼条时所用油温为_____成热。

21. 糖醋小排应用猪的哪个部位？_____。

22. 炸排骨时应用_____成热的油温。

23. 基围虾分布于_____。

24. 盐水虾属于凉菜的_____烹调法。

25. 煮熟鹌鹑蛋大约需要_____分钟。

26. 糟卤用完后应如何保养？_____。

27. 拌至土豆丝的调味料包括_____、_____、_____。

28. 茶鸭子一般选用哪种鸭子？_____。

29. 樟茶鸭子选用什么材料来熏鸭子？_____。

30. 紫菜墨鱼卷卷好后上蒸箱蒸制_____分钟。

31. 冷菜制作中运用较为广泛的烹制方法是_____。

32. 被誉为"百味之王"的调味品是_____。

33. 畜肉中膻味最重的是_____。

34. 调制酱香味型的主要酱料是甜面酱和_____。

35. 盐水鸭的烹调方法是_____。

36. 松子、腰果、花生米等原料适用于_____炸制。

37. 引起食品腐败变质的主要原因是_____的作用。

38. 鱼的部位中，含丰富的胶原蛋白质且俗称"划水"的是_____。

39. 菜肴口味的调制应随季节而变，一般冬季的口味应_____。

40. 世界卫生组织建议成人每人每天味精摄入量不超过_____克。

41. 冷菜体现其风味特色的最佳食用温度是10～_____摄氏度。

42. 冷菜"白斩鸡"的制作方法是_____。

43. 保存冷菜卤汁的器皿_____是保存卤汁的最佳选择。

44. 油爆法的油量应是原料的_____倍。

45. 红卤水中加入的常用显色调味品是_____。

46. 老卤盛入容器保存前，一定要将其_____，然后撇去浮沫。

47. 禽类原料的开膛方法：肋开、_____、腹开。

单元三　工艺冷盘

学习导读

一、学习内容

工艺冷盘是将制作好的冷菜原料拼摆成山、水、花、鸟、鱼、虫等形象的一门技艺，要求学生能运用排、堆、叠、围、摆、覆等技法拼摆主料，并会设计和制作搭配的辅料，按照正确的工作流程完成盘饰。

二、任务简介

本单元由八个任务组成，主要训练工艺冷盘基本技法，是由每个冷菜小组在冷菜厨房工作环境中配合共同完成。

任务一是以训练工艺冷盘几何造型基本拼摆技法为主的实训任务，主要目的是让学生运用排、堆、叠、摆等技法，了解冷菜原料的色彩搭配及口味搭配的运用。

任务二至五是以训练工艺冷盘风景拼摆技法，运用排、堆、叠、摆、覆为主的实训任务，主要目的是让学生能够运用冷菜原料的色彩、质地搭配及口味搭配完成拼摆。

任务六至七是以训练工艺冷盘禽鸟类拼摆技法，运用排、堆、叠、围、摆、覆为主的实训任务，主要目的是让学生能够熟练运用冷菜原料的色彩、质地搭配及口味搭配完成半立体和立体造型的拼盘。

任务八是以训练水果拼盘拼摆技法为主的实训任务，主要目的是让学生能够灵活运用各种工艺冷盘拼摆技法及盘饰技法，主要训练学生掌握复杂的造型技法。

三、学习要求

本单元要求在与企业厨房生产环境一致的实训环境中完成。学生通过实际训练能够初步体验并适应冷菜工作环境；能够按照冷菜岗位工作流程，基本完成开档和收档工作；能够按照冷菜岗位工作流程，运用冷菜拼摆技法和盘饰完成典型冷菜和盘饰的制作，在工作中培养合作意识、安全意识和卫生意识。

四、岗位工作简介

岗位工作流程如图 3-0-1 所示。

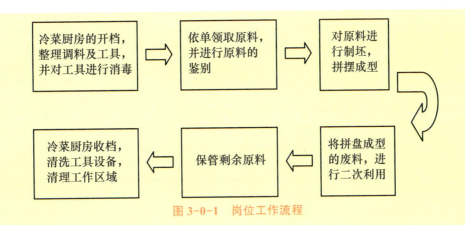

图 3-0-1　岗位工作流程

五、冷菜拼摆的基本原则

1. 先主后次

在选用两种或两种以上的题材为构图内容的冷盘造型中，往往以某种题材为主，以其他题材为辅，如"秋蟹映月""金鸡报春""雄鹰展翅"等冷拼造型中，以螃蟹、鸡、雄鹰为主，而山峰、嫩柳、河流则为次，在这类冷盘的拼摆过程中，首先应考虑主要题材的拼摆，即首先给主体形象定位、定样，然后再对次要题材进行拼摆，这样对全盘的控制就容易多了，正所谓"解决了主要矛盾，次要矛盾也迎刃而解了"。相反，如果在冷盘的拼摆过程中，首先拼摆辅助物象，那么主体物象就很难定位、定样，或即使定下了，整体效果也不尽如人意，为了弥补这一缺陷，只能将盘中的辅助物象或左右、或上下移动、调整，抑或增添、删减，既浪费时间，又影响成品效果。

2. 先大后小

在冷盘造型中，两种或两种以上物象为构图内容时，在整体构图造型中都占有同样重要的地位，彼此不分主次。如"龙凤呈祥""鹤鹿同春""岁寒三友"（松、竹、梅）等，其中的龙与凤，鹤与鹿，松与竹梅，它们在整个构图造型上很难分出主次，彼此之间只存在造型和大小的区别。在以某种题材为主要构图内容的冷盘造型中，这类物象经常以两种或两种以上姿态形式出现，如"双凤和鸣""双喜临门""双鱼戏波""比翼双飞""鸳鸯戏水""争雄""群蝶闹春"等。其中的两只凤凰，一对喜鹊，两尾金鱼，两只飞燕，一对鸳鸯，两只斗鸡，数只蝴蝶，彼此之间在整个构图造型中同样不分主次，仅有存在姿态、色彩、拼摆的方法以及大小上的差异。因此我们在拼摆这两类冷盘时要遵循"先大后小"的基本原则。

这两类冷盘造型，根据美学的基本原理，在构图时，多个物象在盘中的位置和大小比例不可能完全相同，往往或上或下，或左或右，或大或小。在拼摆过程中，我们应先将相对较大的物象定位、定形，正所谓"大局已定"，然后再拼摆相对较小的物象，这样就得心应手，不至于"左右为难"了。

3. 先下后上

不管冷盘是何种造型形式，即使是平面造型，冷盘材料在盘中都有一定的高度，即三维视觉效果。在盘子底层的冷盘材料离盘面距离较近，称其为"下"；在盘子上层的冷盘材料，离盘面的距离相对较远，称其为"上"。先下后上的拼摆原则就是平常所说的先垫底后铺面的意思。

冷盘的拼摆过程往往都需要垫底这一程序，其主要目的是使造型更加饱满、美观。为了便于造型，通常选用的垫底冷盘材料以小型的为主，如丝、米、粒、茸、泥、片等，因此为了使材料物尽其用，经常使用冷盘材料修整下来的边角碎料充当垫底材料。

垫底，在冷盘的拼摆过程中往往是最初程序，也是基础，因此显得非常重要。如果垫底不平整或不服帖，或物象的基本轮廓形状不准确，在这个基础上要使整个冷盘造型整齐美观，是不可能的，正如万丈高楼平地起，靠的是坚硬扎实的基础。因此，先下后上是冷盘拼摆中应遵循的又一基本原则。

4．先远后近

在物象的侧面形为构图形式的冷盘造型中，往往存在远近的问题，而远近感在冷盘造型中主要是通过冷盘材料先后拼摆层次结构来体现的。以侧身凌空飞翔的雄鹰形象为例，从视觉效果角度而言，外侧翅膀要近些，内侧翅膀要远些，因此，在拼摆雄鹰的双翅时，外侧翅膀一般只表现出一部分。在拼摆两侧翅膀时，要先拼摆内侧翅膀，再拼摆外侧翅膀，这样，雄鹰双翅的形态自然而且逼真，符合人们的视觉习惯。如果两翅没有按以上先后顺序拼摆，就没有上下层次的变化，也就不存在远近距离感，翅膀与身体在视觉上就产生了脱节感，看上去极不自然。

当然，在冷盘造型中，若要表现同一物象不同部位的远近距离感，在拼摆过程中除了要遵循"先远后近"的基本原则外，还要通过一定的高度差来实现，较远的部位要拼摆得稍低一点，较近的部位要拼得稍高一些，这样物象的形态就栩栩如生了。

在景观造型类冷盘中，也存在着远近距离问题，尤其是不同物象之间的距离上的远近关系。在拼摆时，同样应遵循先远后近的基本原则。有时，为了使不同物象之间的远近距离更加明显（如远处的塔、桥，或水中的鱼、水草、月亮等），往往还在远距离的物象上加一层透明或半透明的冷盘材料，如琼脂、鱼胶、皮冻等，即先将远处的物象拼摆出来，再在盘中浇一层琼脂、鱼胶或皮冻，待冷凝成冻后，在其上面再拼摆近处的物象；如果要表现相同物象之间的远近距离关系（如山与山之间、树与树之间等），除了可以用上面那种"隔层"的方法外，还可用大小的形式来表现它们之间的距离感，即把远处的山或树等拼摆得小一点，近处的山或树拼摆得大一点，并且在构图造型上，远处的物象往往安置在盘子的左上方或右上方，近处的物象一般安置于盘子的右下方或左下方。这样，在构图造型上既符合美学造型艺术的基本原则，也能较理想地表现出物象之间距离上的远近感。

5．先尾后身

以鸟类为题材在造型中非常广泛，大到孔雀、凤凰，小到鸳鸯、燕子，而先尾后身这一基本原则，就是针对鸟类题材的冷盘造型的拼摆制作而言的。

鸟类羽毛的生长都有一个共同的规律性，即顺后而长。因此，在制作鸟类为题材的冷盘造型时，应先拼摆其身部的羽毛，再拼摆其颈部和头部的羽毛，即按先尾后身的基本原则拼摆，这样拼摆成的羽毛才符合鸟类羽毛的生长规律。

在有些冷盘造型中，鸟的大腿部也是以羽毛的形式呈现的，在这种情况下，应该先拼摆大腿部的羽毛，然后再拼摆身上其他部位的羽毛。总之，拼摆出来的羽毛要自然，要符合鸟类羽毛的生长规律，而且在视觉效果上要达到"羽毛是长出来的，而不是装上去的"效果。

写到这里，更值得一提的是，在冷盘的制作过程中，有的物象所处的地位不可能同时与以上所有原则完全吻合或相符，如"江南春色""华山日出"中的主山都是主要题材，处于主要地位，但它们又都属于近处物象，在这种情况下，应从冷盘造型的整体布局考虑，再确定先拼摆什么，后拼摆什么，而不应该死板地套用以上的每个原则。如果将以上所有的原则隔离开来，孤立对待，单独分别按以上原则进行拼摆，那么冷盘制作就无法进行了。总之，大家要灵活掌握以上拼摆的基本原则，不可生搬硬套。

六、冷盘拼摆的基本方法

1．弧形拼摆法

弧形拼摆法是指将切成片形的材料，按照相同的距离和一定的弧度整齐地旋转排叠的一种拼摆方法。这种方法多用于一些几何造型，排拼中弧形面的拼摆，也经常用于景观造型中河堤、山坡、土丘等的拼摆。可见，这种拼摆方法在冷盘的拼摆制作过程中运用得非常广泛。

根据材料旋转排叠的方向不同，弧形拼摆法又可分为右旋和左旋两种拼摆方式。在冷盘的拼摆制作过程中，运用哪一种形式进行拼摆，要视冷盘造型的整体需要和个人习惯而定，不能一概而论。在冷盘造型中，当某个局部采用两层或两层以上弧形拼摆时，要顾及整体的协调性，切不可在同一局部的数层之间或若干类似局部共同组成的同一整体中采用不同的形式进行拼摆；否则，就会因变化过于强烈而显得凌乱，与主题不一致而且不协调，影响整体效果。

2．平行拼摆法

平行拼摆法是指将切成片形的材料，等距离地往一个方向排叠的一种拼摆方法。根据材料拼摆的形式及形成效果，平行拼摆法又分为直线平行拼摆法、斜线平行拼摆法和交叉平行拼摆法三种拼摆形式。

（1）直线平行拼摆法：是将片形材料按直线方向平行排叠的一种方法。这种方法多用于呈现直线方面的冷盘造型中，如"梅竹图"中的竹子、直线形花篮的篮口、"中华魂"中的华表、直线形的路面等，都是采用这种形式拼摆而成的。

（2）斜线平行拼摆法：是将片形材料往左下或右下的方向等距离平行排叠的一种形式。景观造型中的"山"等多用这种形式进行拼摆，用这种形式拼摆而成的山更有立体感和层次感，也更加自然。

（3）交叉平行拼摆法：即将片形材料左右交叉平行往后排叠的一种方法。这种方法多用于器物造型中的编织物品的拼摆，如花篮的篮身、鱼篓的篓体等。采用这种形式进行拼摆时，冷盘材料多修整成柳叶形、半圆形、椭圆形或月牙形等，拼摆时所交叉的层次视具体情况而定。

任务一　工艺冷盘什锦拼盘的制作

一、任务描述

进入冷菜厨房，根据青笋、鸡蛋干、胡萝卜、荷兰黄瓜、心里美萝卜、白萝卜、卫青萝卜、方火腿、菠萝、墨鱼卷等不同形状、色泽、口味质感的冷菜原料，运用排、覆等拼摆手法造型，完成菜肴的制作。拼盘图案应美观，色彩分明，形态饱满，体现不同冷菜的风味特色。

二、学习目标

（1）熟知什锦拼盘的造型设计、原料采购，原料及成品加工、制作、保管的工作过程。

（2）初步掌握什锦拼盘的原料及成品加工、菜肴制作的实践操作规范和方法。

（3）能完成什锦拼盘拼摆，掌握其方法与操作关键。

（4）能掌握什锦拼盘制作的工艺流程。

（5）能根据什锦拼盘的制作要求，学会类似拼盘的制作方法。

三、成品质量标准

什锦拼盘成品如图 3-1-1 所示。

此拼盘为梅花造型，色彩艳丽，口味多样，质感丰富，立体感强，是几何造型拼盘的典型菜。

图 3-1-1　什锦拼盘成品

四、知识与技能准备

1. 什锦拼盘定义

什锦拼盘又叫什锦拼摆或什锦冷盘，是将五种以上的原料按不同的色彩和口味，经过适当地搭配和加工，整齐美观地装在盘内的一种拼摆形式。

什锦拼盘在宴席中应用较为广泛，在拼摆造型上基本上有大体形状，有的是对称图形，因此比一般拼摆精致和华丽。厨师在切配上运用刀工时也比一般拼摆精细，它能给食用者带来增加食欲和赏心悦目的感觉。什锦拼盘适用于中档宴席和宴会。有时，根据宴席和宴会的要求，一些什锦拼盘还需要进行特别制作。

2．造型设计

选用直径为53厘米的圆盘，有规律地把菜肴堆放成宝塔形，中心为黄色牡丹花点缀，花心为红色。按照橙红、青绿、大红、白、土黄的顺序均匀排列，两瓣之间用梳子块点缀。

3．原料准备

选用不同色彩、口味的原料，注重冷暖色彩的搭配，使色彩层次分明。原料要求质地细腻，形状规整，便于切割为整齐的薄片。心里美萝卜、胡萝卜、卫青萝卜选用实心不糠的。

4．技能点

（1）凉菜拼摆要求。凉菜的拼摆构图在表现内容上要求完整，避免残缺不全，在构图形式上要求统一，结构上要合理而有规律，不可松散零乱，而且对题材的外形也要求完整，从头到尾不能使创作意境中断。

（2）凉菜拼摆的步骤。

①垫底：将软面原料或一些凉菜的碎料堆砌在盘中，形成拼摆图形的基础形，为将要拼摆的图形堆码出大体形状。垫底实际上就像绘画中的打草稿，这一步是将要拼摆的图形定好位置，是拼摆造型的第一步。

②盖面：先将硬面原料切成所要的形状，再将其整齐地拼码在垫底的原料上，按设计要求排列成一定形状，再将垫底的原料全部盖住。盖面仿佛是绘画中的描绘，这一步使所创造的图形或各个部分图形细致地描画出来。经过盖面后图形的基本样式就能展现出来，再稍加修饰整个拼摆图样就全部完成了。此步骤是进行拼摆造型的第二步。

③衬托：在拼好的图案的适当部位放置一些颜色光亮的菜肴或原料，使拼摆图案更加赏心悦目。衬托的作用正如绘画中的装饰和点缀，经过衬托后的图形更为引人入胜，也更具艺术性，而且更加完美。

循序完成凉菜拼摆的三个步骤，在制作凉菜拼摆时就很容易造型和创作，这三个步骤可以帮助制作者顺利地进行拼摆操作，注意在操作中绝对不能本末倒置，打乱顺序，以免制作拼摆时因为损耗原料而造成浪费。

五、工作过程

1. 选料

方火腿30克、卫青萝卜80克、胡萝卜80克、心里美萝卜80克、白萝卜80克、鸡蛋干80克、黄瓜100克、墨鱼卷30克、菠萝50克、凉拌白萝卜丝400克。

调料：精盐50克、白醋100克、橄榄油100克、白糖100克。

2. 工具准备

片刀1把、砧板1块、53厘米餐盘1个、水盆1个、消毒毛巾1条、餐巾纸1包、医用酒精1瓶、煸锅1个、漏勺1个、镊子1个、雕刻刀1把、方盘1个、配菜盘2个、马斗2个、排笔1个。

3. 什锦拼盘制作步骤

什锦拼盘制作步骤如图3-1-2所示。

将所有原料改成大小一致的块状。

将改好的原料用热水烫一下后放入冰水中冰镇。

把蔬菜类的原料用盐和白醋腌制，将水分腌出。

工艺关键：改好的原料应大小一致，心里美萝卜应用白醋泡制，使其颜色更为鲜艳。用热水烫好的心里美萝卜应立刻放在冰块里降温，保持心里美萝卜的新鲜。

将拌好的萝卜丝在盘中心摆成梅花形。

将腌完水分的原料切成0.2厘米厚的片。

把切好的片摆成椭圆形。

工艺关键：拼制时梅花形垫底要大小一致，外薄内厚，原料切制时所有的片要薄厚一致，码制时间隔一致。

把摆好的形状摆在梅花形的其中一瓣上。

用同样的方法把剩下的料摆在剩余花瓣上。

将黄瓜切成菱形，并切出梳子块。

图3-1-2　什锦拼盘制作步骤

工艺关键：用刀把原料码好后放在原料的垫底丝上，码制原料时颜色要区分开。

将切好的梳子块和方火腿摆在花瓣之间。

将菠萝切片，摆成牡丹形状。

再点缀上花蕊，菜肴的制作就完成了。

工艺关键：拼摆时应用医用镊子，点缀时应适当用色、用料。

图 3-1-2　什锦拼盘制作步骤（续）

4．保鲜

在什锦拼盘上抹匀色拉油后用保鲜膜封好。抹油用干净的排笔，一次蘸油量要少，可将多余的油在碗边轻轻抹去，由下至上轻轻抹匀。用保鲜膜封住盘面，将保鲜膜拉直，整齐地撕下，注意动作要轻盈快捷，不要影响盘内造型。

六、评价参考标准

什锦拼盘评价标准

评价内容	评价标准	配分	自评得分	互评得分
色泽	色泽艳丽，搭配合理，几何造型突出	20		
拼摆手法及刀工	刀工细腻，熟练准确，拼盘手法流畅	20		
口味质感	口味多变且清淡，质感清、鲜、爽、嫩、脆	20		
装盘	装盘形态饱满，色、形、量与盛装器皿搭配协调，造型美观	20		
卫生	原材料新鲜，操作工具、盛装器皿洁净卫生，操作过程严格按照"五专"的要求	20		
教师综合评价				

七、检测与练习

（一）基础知识练习

1．什锦拼盘造型有_____、_____、_____、_____四种。

2．什锦拼盘垫底一般用＿＿＿＿、＿＿＿＿、＿＿＿＿形状原料。

3．什锦拼盘切制时用＿＿＿＿、＿＿＿＿、＿＿＿＿刀法。

（二）动手操作

1．通过网络查询什锦拼盘造型结构。

2．自己绘制什锦拼盘的图片。

八、知识链接

乌贼，本名乌鲗，又称花枝、墨斗鱼或墨鱼，是软体动物门头足纲乌贼目的动物。乌贼遇到强敌时会以"喷墨"作为逃生的方法，伺机离开，因而有"乌贼""墨鱼"等名称。其皮肤中有色素小囊，会随"情绪"的变化而改变颜色和大小。乌贼会跃出海面，具有惊人的空中飞行能力。

九、思维拓展

学习本任务后，练习制作以下菜肴（图3-1-3）。

图3-1-3　思维拓展示意图

（a）四方什锦拼盘；（b）七彩圆环；（c）四棱方框拼盘；（d）五彩梅花拼盘；（e）五角拼盘；（f）六色拼盘

任务二　工艺冷盘秋蟹映月的制作

一、任务描述

进入冷菜厨房，根据西兰花、白蒜肠、皮蛋肠、卤香菇、哈尔滨红肠、日本大根、胡萝卜、白萝卜、荷兰黄瓜、心里美萝卜、方火腿等不同形状、色泽、口味质感的冷菜原料，运用排、覆等拼摆手法造型，完成拼盘的制作。拼盘图案应美观，色彩分明，形态饱满，体现不同冷菜的风味特色。

二、学习目标

（1）熟知秋蟹映月的造型设计、原料采购，原料及成品加工、制作、保管的工作过程。

（2）初步掌握秋蟹映月的原料及成品加工、菜肴制作的实践操作规范和方法。

（3）能完成秋蟹映月拼摆，掌握其方法与操作关键。

（4）能掌握秋蟹映月制作的工艺流程。

（5）能根据秋蟹映月的制作要求，学会类似拼盘的制作方法。

三、成品质量标准

秋蟹映月成品如图 3-2-1 所示。

图 3-2-1　秋蟹映月成品

此拼盘为风景造型，浓浓的秋日月色下，岸边有四只螃蟹。此拼盘刀工精细、色彩艳丽，口味多样，质感丰富，立体感强，是工艺冷盘的典型菜。

四、知识与技能准备

1. 造型设计

选用直径为 53 厘米的圆盘，有规律地码放成岸边礁石，以绿樱桃水和琼脂作为荷塘，用黄瓜皮和红鱼子制成高粱。按照橙红、青绿、大红、白、土黄均匀排列，而香菇则作为秋天的肥蟹。

2. 原料准备

选用不同色彩、口味的原料，注重冷暖色彩的搭配，使色彩层次分明。原料要求质地细腻，形状规整，便于切割为整齐的薄片。心里美萝卜、胡萝卜、卫青萝卜选用实心不糠的。

3. 技能点

（1）凉菜拼摆对色彩的要求：有人说，凉菜拼摆造型是大写意的中国画，凉菜拼摆造型就像是中国彩墨画中的工笔画。凉菜拼摆时必须利用原料色彩进行套色，使拼出的菜肴不但色彩逼真，而且赏心悦目。在色彩组合上可以进行艺术修饰，但不能夸张，要做到求实、求真。

（2）冷菜拼摆的基本拼摆手法。

①拼摆手法——排（图3-2-2）。排是指将刀工处理好的原料罗列成行，形成富有节奏感的行列，再将其装入盘中所需形状的位置上。

②拼摆手法——堆（图3-2-3）。堆是指将刀工处理好的原料或边角碎料堆放在盘中所需形状的位置上。

③拼摆手法——叠（图3-2-4）。叠是指将经过刀工处理成碎片的原料，一片片整齐地叠成型，再放在所拼摆图形的位置上。

图3-2-2 拼摆手法——排

图3-2-3 拼摆手法——堆

图3-2-4 拼摆手法——叠

④拼摆手法——围（图3-2-5）。围是指将刀工处理成型的原料，在盘中码成环型。

⑤拼摆手法——摆（图3-2-6）。摆是指运用精巧的刀法，将原料加工成一定形状，然后按设计要求制成一定形状或组合成一定形状，再在盘中直接码放出图形所需图样。

⑥拼摆手法——覆（图3-2-7）。覆是指将原料经过刀工处理后先排码在碗中或刀面上，再将其扣在盘中，形成圆包状。

图 3-2-5 拼摆手法——围

图 3-2-6 拼摆手法——摆

图 3-2-7 拼摆手法——覆

五、工作过程

1. 选料

原料准备如图 3-2-8 所示。

方火腿 30 克、胡萝卜 80 克、心里美萝卜 80 克、白萝卜 80 克、黄瓜 100 克、皮蛋肠 50 克、凉拌白萝卜丝 400 克、日本大根 200 克、蒜蓉肠 100 克、西兰花 50 克、红鱼子酱 20 克、红肠 100 克、卤香菇 3 个、西瓜皮块。

图 3-2-8 原料准备

调料：精盐 50 克、白醋 100 克、橄榄油 100 克、白糖 100 克。

2. 工具准备

片刀 1 把、砧板 1 块、直径 53 厘米餐盘 1 个、水盆 1 个、消毒毛巾 1 条、餐巾纸 1 包、医用酒精 1 瓶、煸锅 1 个、漏勺 1 个、镊子 1 个、雕刻刀 1 把、方盘 1 个、配菜盘 2 个、马斗 2 个、排笔 1 个。

3. 秋蟹映月制作步骤

秋蟹映月制作步骤如图 3-2-9 所示。

用黄瓜皮制成高粱秆并将红鱼子酱制成谷穗。

将切好的日本大根摆成扇形，压住高粱秆根部。

把改完并腌完的原料摆成扇形码放在高粱秆下面，制成山。

工艺关键：先在绿樱桃水中加入琼脂和白糖，熬制融化后浇在盘中的一侧制成湖水的景观。将黄瓜皮制成高粱秆，红鱼子酱摆成谷穗，用排压的方法将其码成岸边的礁石。

图 3-2-9 秋蟹映月制作步骤

| 将心里美萝卜码成扇形，交错地压在上一层片上。 | 用同样的方法把剩下的心里美萝卜也都码放好，注意色彩搭配要区分开。 | 最底部用焯好的西兰花点缀。 |

工艺关键：码放礁石时注意色彩的搭配，应由浅入深。每种原料排压成扇形，按从左至右的顺序码放。

| 将黄瓜皮修切成野草形，点缀在扇形片浅色部位。 | 将用香菇和黄瓜皮制成的螃蟹摆在水纹中。 | 把刻好的字和月亮码放上去。 |

工艺关键：最后码入西兰花封底，点缀在用香菇制好的螃蟹中，码放要形式自然、错落有致，再将日本大根制成月亮，摆在盘子右侧，最后加入用西瓜皮雕刻的秋蟹映月四个字，使构图完整，形成一幅完美的风景画。

图 3-2-9　秋蟹映月制作步骤（续）

4．保鲜

在秋蟹映月上抹匀色拉油后用保鲜膜封好。抹油用干净的排笔，一次蘸油量要少，可将多余的油在碗边轻轻抹去，由下至上轻轻抹匀。用保鲜膜封住盘面，将保鲜膜拉直，整齐地撕下，注意动作要轻盈快捷，不要影响盘内造型。

六、评价参考标准

秋蟹映月评价标准

评价内容	评价标准	配分	自评得分	互评得分
色泽	色泽艳丽，搭配合理，几何造型突出	20		
拼摆手法及刀工	刀工细腻，熟练准确，拼盘手法流畅	20		
口味质感	口味多变且清淡，质感清、鲜、爽、嫩、脆	20		
装盘	装盘形态饱满，色、形、量与盛装器皿搭配协调，造型美观	20		
卫生	原材料新鲜，操作工具、盛装器皿洁净卫生，操作过程严格按照"五专"的要求	20		
教师综合评价				

七、检测与练习

（一）基础知识练习

1. 拼盘最基本的原料有_____、_____、_____、_____等。
2. 拼盘垫底一般采用_____、_____、_____形状原料。
3. 秋蟹映月采用了_____拼摆手法。

（二）动手操作

1. 通过网络查询秋蟹映月造型结构。
2. 自己绘制秋蟹映月的图片。

八、知识链接

方火腿以其形状为长方形而得名，又叫盐水火腿。它最先起源于西方欧美国家，所以也叫西式火腿，是欧美各国人民较喜爱的肉类制品之一。方火腿色、香、味、形独具一格，同我国传统的中式火腿在色、香、味、形及其制作方法等方面都有很大的区别，其特点是外形完整美观、携带方便、质地细腻脆嫩、多汁爽口、风味独特、色泽鲜艳，更重要的是它具有较高的成品率（每百斤[①]原料肉可做成品 105 斤以上）。之所以有这些特点是因为应用了特殊的添加剂和比较科学的工艺条件。我们从 1985 年 12 月开始，对这种产品进行了系统的研究工作。方火腿的制作需要采用以下程序：选料—修肉—冷冻—解冻—配料—注射—滚揉—装模—煮制。其中选料要选用经兽医检验合格的猪纯精肉。

九、思维拓展

学习本任务后，练习制作以下菜肴（图 3-2-10）。

（a） （b） （c）

图 3-2-10 思维拓展示意图
（a）示意一；（b）示意二；（c）示意三

---

① 1 斤 =500 克。

图 3-2-10 思维拓展示意图（续）
（d）示意四；（e）示意五；（f）示意六

任务三 工艺冷盘海南风光的制作

一、任务描述

进入冷菜厨房,根据西兰花、白蒜肠、皮蛋肠、日本大根、胡萝卜、白萝卜、荷兰黄瓜、心里美萝卜、方火腿、咖啡糕、叉烧肉、夹心干等不同形状、色泽、口味质感的原料,运用排、覆等拼摆手法造型,完成海南风光拼盘的制作。拼盘图案应美观,色彩分明,形态饱满,体现不同冷菜的风味特色。

二、学习目标

(1)熟知海南风光的造型设计、原料采购,原料及成品加工、制作、保管的工作过程。

(2)初步掌握海南风光的原料及成品加工、菜肴制作的实践操作规范和方法。

(3)能完成海南风光拼摆,掌握其方法与操作关键。

(4)能掌握海南风光制作的工艺流程。

(5)能根据海南风光的制作要求,学会类似拼盘的制作方法。

三、成品质量标准

海南风光成品如图 3-3-1 所示。

图 3-3-1 海南风光成品

此拼盘为风景造型,岸边竹楼点缀着几棵椰树,海面上飞翔着海鸥,色彩艳丽,口味多样,质感丰富,立体感强,是工艺冷盘的典型菜。

四、知识与技能准备

1. 造型设计

选用直径 53 厘米的圆盘,有规律地将原料堆摆成岸边的礁石。椰树和草房映衬着水光荡漾的大海。

2．原料准备

选用不同色彩、口味的原料，注重冷暖色调的搭配，使色彩层次分明。原料要求质地细腻，形状规整，便于切割为整齐的薄片。心里美萝卜、胡萝卜、卫青萝卜选用实心不糠的。

3．技能点

冷菜的拼摆原料的选择与整形如下：

在冷盘的制作过程中，我们首先要根据冷盘的题材和构图形式选择适当的原料，并利用原料的性质特征和自然形状，将原料修成需要的形状，然后再经过刀工处理后，通过合理而又巧妙的拼摆方法来完成冷盘的拼摆制作，从而达到预期的效果。显而易见，在冷盘制作的过程中，对原料的选择和整形是拼摆的基础和关键。

对原料进行选择和整形时，需要把握的重要原则是最大限度地利用原料的原有形态，并使原料的修整形状与冷盘题材的形状协调。在实际工作中，有些初学者，甚至工作经验非常丰富的烹饪工作者也都忽视了这一原则，于是，在进行冷盘制作时，虽然构图的形式、色彩的搭配和拼摆的方法都很合理，但冷盘的整体效果总不能令人满意，无法达到较为完美的境界，有些甚至有点不伦不类。究其原因，主要就是原料的修整形状与冷盘题材的形状互不协调，不一致，从而破坏了整体的效果。

五、工作过程

1．选料

原料准备如图3-3-2所示。

西兰花100克、白蒜肠80克、皮蛋肠80克、日本大根80克、胡萝卜80克、白萝卜80克、荷兰黄瓜80克、心里美萝卜80克、方火腿80克、咖啡糕80克、叉烧肉80克、夹心干80克、卫青萝卜80克、西兰花150克、凉拌萝卜丝200克。

图3-3-2　原料准备

调料：精盐50克、白醋100克、橄榄油100克、白糖100克。

2．工具准备

片刀1把、砧板1块、直径53厘米餐盘1个、水盆1个、消毒毛巾1条、餐巾纸 1 包、医用酒精 1 瓶、煸锅 1 个、漏勺 1 个、镊子 1 个、雕刻刀 1 把、方盘 1 个、配菜盘 2 个、马斗 2 个、排笔 1 个。

3．海南风光制作步骤

海南风光制作步骤如图 3-3-3 所示。

用夹心干制成草房的形状。

将小块西兰花码在草房的周围。

用胡萝卜摆出岸边礁石的第一层。

工艺关键：利用夹心干的颜色，将其切成 3 毫米的薄片制成草房的底，再用雕刻刀雕刻出草房的顶部，用西兰花点缀在周围，突出草房的生活情趣。

用不同的原料拼摆出岸边的礁石。

将胡萝卜球制成椰果。

用黄瓜皮刻出大海的波浪。

工艺关键：将亮色原料以从左至右的顺序拼摆成扇形，依次码成海岸边的风光，码时注意色差，突出热带风光特色。

用黄瓜皮刻出海鸥加以装饰。

用焯好的西兰花装饰点缀。

海南风光就拼摆好了。

工艺关键：用咖喱糕封底，将黄瓜皮切丝，制成海浪，胡萝卜制成海中的小船，用黄瓜皮雕刻成海南风光四个字，形成一幅完整的热带海边风景画。

图 3-3-3　海南风光制作步骤

4．保鲜

在海南风光上抹匀色拉油后用保鲜膜封好。抹油用干净的排笔，一次蘸油量要少，可将多余的油在碗边轻轻抹去，由下至上轻轻抹匀。用保鲜膜封住盘面，将保鲜膜拉直，整齐地撕下，注意动作要轻盈快捷，不要影响盘内造型。

六、评价参考标准

海南风光评价标准

评价内容	评价标准	配分	自评得分	互评得分
色泽	色泽艳丽，搭配合理，几何造型突出	20		
拼摆手法及刀工	刀工细腻，熟练准确，拼盘手法流畅	20		
口味质感	口味多变且清淡，质感清、鲜、爽、嫩、脆	20		
装盘	装盘形态饱满，色、形、量与盛装器皿搭配协调，造型美观	20		
卫生	原材料新鲜，操作工具、盛装器皿洁净卫生，操作过程严格按照"五专"的要求	20		
教师综合评价				

七、检测与练习

（一）基础知识练习

1. 海南风光运用了_____、_____拼摆手法。
2. 工艺冷盘垫底一般用_____、_____、_____形状原料。
3. 海南风光切制时用_____、_____、_____刀法。

（二）动手操作

1. 通过网络查询海南风光造型结构。
2. 自己绘制海南风光的图片。

八、知识链接

菠萝：目前，菠萝已广泛地分布在南北回归线之间，成为世界上重要的果树之一。16世纪中期菠萝种植园由葡萄牙的传教士带到澳门，然后引进到广东各地，后在广西、福建、台湾等省（自治区）栽种，经过长期的选育，陆续产生了许多品种。

菠萝属于凤梨科多年生草本果树植物，生长迅速，生产周期短，年平均气温23摄氏度以上的地区可以终年生长。

菠萝顶有冠芽,性喜温暖。台湾菠萝表皮没有大陆产的菠萝那么粗糙,有的略呈倒圆锥形,肉质比普通菠萝细腻得多,基本没涩味,水分充足。菠萝果形美观,汁多味甜,有特殊香味,是深受人们喜爱的水果。

菠萝原名凤梨,原产于南美洲,16世纪从巴西传入中国,有70多个品种,是岭南四大名果之一。菠萝含有大量的果糖、葡萄糖、维生素B、维生素C、磷、柠檬酸和蛋白酶等物。菠萝性味甘平,具有解暑止渴、消食止泻之功,为夏令医食兼优的时令佳果。

九、思维拓展

学习本任务后,练习制作以下菜肴(图3-3-4)。

图3-3-4 思维拓展示意图
(a)示意一;(b)示意二;(c)示意三;(d)示意四;(e)示意五;(f)示意六

任务四 工艺冷盘松峦叠翠的制作

一、任务描述

进入冷菜厨房，根据西兰花、胡萝卜、盐水虾、荷兰黄瓜、咖啡糕、红彩椒等不同形状、色泽、口味质感的原料，运用排、覆等拼摆手法造型，完成松峦叠翠拼盘的制作。拼盘图案应美观，色彩分明，形态饱满，体现不同冷菜的风味特色。

二、学习目标

（1）熟知松峦叠翠的造型设计、原料采购，原料及成品加工、制作、保管的工作过程。

（2）初步掌握松峦叠翠的原料及成品加工、菜肴制作的实践操作规范和方法。

（3）能完成松峦叠翠拼摆，掌握其方法与操作关键。

（4）能掌握松峦叠翠制作的工艺流程。

（5）能根据松峦叠翠的制作要求，学会类似拼盘的制作方法。

三、成品质量标准

松峦叠翠成品如图 3-4-1 所示。

此为风景拼盘，山峰连绵起伏，造型逼真，远处的一座小山，给人以美感。

图 3-4-1 松峦叠翠成品

四、知识与技能准备

1．造型设计

选用直径 53 厘米的圆盘，有规律地将原料堆放出山形，而远处的山峰与太阳的点缀，让人感觉到连绵起伏。

2．原料准备

选用不同色彩、口味的原料，注重冷暖色彩的搭配，使色彩层次分明。原料要求质地细腻,形状规整,便于切割为整齐的薄片。心里美萝卜、胡萝卜、卫青萝卜选用实心不糠的。

3. 技能点

凉菜拼摆对拼摆山峰的要求如下:

山,也是制作冷盘时常用的题材,尤其是景观造型中多有山水。山在冷盘造型形式上有两种。一种是用方形的原料排叠而成的平面造型;另一种是用小型的脆性原料,如核桃仁、脆鳝等堆积而成的立体造型。由于第二种立体造型的山与冷盘材料的整形关系不大,拼摆的方法也比较单一,仅堆积而已,所以这里不再多谈,仅介绍第一种。

山,大体可分为两种风格。一种是陡崖,山势险峻,气势磅礴,直冲云霄,这类山多以斧壁石组成,因此,以这类山为构图造型时,原料多修成长方形、长三角形或长梯形,而且采用斜平行排叠的形式拼摆而成;另一种是山势绵延柔和,典雅秀丽,多以太湖石组成,在拼摆时常与水相结合,更可显示其柔美秀丽。因此,在拼摆以这类山为主要题材的冷盘时,多将原料修成弧形,如椭圆形、鸡心形、圆形等,或者选用呈自然弧曲形的原料,如香肠、紫菜蛋卷、捆蹄、火茸黄瓜以及卤口条、盐水虾等,拼摆时往往采用弧形层层排叠而成。

另外,冷盘的制作过程也时常涉及河堤、湖岸或小山坡,其风格与第二种山极为类似,所以,对原料的选择、整形和拼摆可按第二种山的方法进行。

各种拼摆菜品同时上桌时,图样不要千篇一律,所拼图形的样式和姿态也不用整齐划一。拼摆是对美食的修饰,让制品达到最美的效果。如果拼摆后样式一样,或者太整齐了,就会给人以呆板的感觉,菜肴中美的效果就逊色了。拼摆时如果只用一种手法进行拼装而不注意变化,不但一些图案的效果拼不出来,而且这样的菜肴还会给人以死板和单调的感觉,那就失去拼摆的意义了。因此,制作冷盘时要采用灵活的手法,这样才能创造丰富多彩的拼摆菜肴。

五、工作过程

1. 选料

原料准备如图 3-4-2 所示。

西兰花 150 克、盐水虾 120 克、荷兰黄瓜 80 克、咖啡糕 120 克、红彩椒 20 克、胡萝卜 80 克、白萝卜

图 3-4-2 原料准备

80克、皮蛋肠50克、凉拌白萝卜丝400克、方火腿30克、心里美萝卜80克、紫菜蛋卷80克。

调料：精盐50克、白醋100克、橄榄油100克、白糖100克。

2．工具准备

片刀1把、砧板1块、直径53厘米餐盘1个、水盆1个、消毒毛巾1条、餐巾纸1包、医用酒精1瓶、煸锅1个、漏勺1个、镊子1个、雕刻刀1把、方盘1个、配菜盘2个、马斗2个、排笔1个。

3．松峦叠翠制作步骤

松峦叠翠制作步骤如图3-4-3所示。

将原料切成长方条并摆成山形。

将摆好的山形码放在盘中。

用同样的方法将胡萝卜等原料交错摆放。

工艺关键：拼摆山时应注意颜色的选择，应是上暖色，下冷色。拼摆时所用原料的片大小薄厚应一致。

将紫菜蛋卷切成长条交错摆放，注意色彩的搭配。

最底层颜色越来越深，将盐水虾交错摆放。

最底层用西兰花收底，显得饱满。

工艺关键：码山峰排压时，应注意上薄下厚，突出立体感。

用咖啡糕制作树杈，黄瓜切成梳子块从山旁边伸出去。

黄瓜切片再摆一个小山，要与近处的山显得有一定距离。

红彩椒制成太阳挂在远处。

工艺关键：点缀松树应自然准确，远山和云及太阳的码放要突出透视效果。

图3-4-3 松峦叠翠制作步骤

4．保鲜

在松峦叠翠上抹匀色拉油后用保鲜膜封好。抹油用干净的排笔，一次蘸油量要少，可将多余的油在碗边轻轻抹去，由下至上轻轻抹匀。用保鲜膜封住盘面，将保鲜膜拉直，整齐地撕下，注意动作要轻盈快捷，不要影响盘内造型。

六、评价参考标准

松峦叠翠评价标准

评价内容	评价标准	配分	自评得分	互评得分
色泽	色泽艳丽，搭配合理，几何造型突出	20		
拼摆手法及刀工	刀工细腻，熟练准确，拼盘手法流畅	20		
口味质感	口味多变且清淡，质感清、鲜、爽、嫩、脆	20		
装盘	装盘形态饱满，色、形、量与盛装器皿搭配协调，造型美观	20		
卫生	原材料新鲜，操作工具、盛装器皿洁净卫生，操作过程严格按照"五专"的要求	20		
教师综合评价				

七、检测与练习

（一）基础知识练习

1．松峦叠翠运用了_____种原料。

2．松峦叠翠拼摆原料中荤料有_____种。

3．松峦叠翠切制时用_____、_____、_____刀法。

（二）动手操作

1．通过网络查询松峦叠翠造型结构。

2．自己绘制松峦叠翠的图片。

八、知识链接

黄瓜，也称胡瓜、青瓜，属葫芦科植物。广泛分布于中国各地，并且为主要的温室产品之一。黄瓜是由西汉时期张骞出使西域带回中原的，称为胡瓜，五胡十六国时后赵皇帝石勒忌讳"胡"字，汉臣襄国郡守樊坦将其改为"黄瓜"。黄瓜的茎上覆有毛，富含汁液，叶片的外观有3～5枚裂片，覆有绒毛。

黄瓜植株柔嫩，茎披毛并多汁，叶被绒毛，具3～5枚裂片；茎上生有分枝的卷须，借此缘架攀爬。常见蔬菜中黄瓜需要的热量最多。在北欧，广泛搭架栽培于温室。在美国气候温和地区,作为大田作物种植以及种于庭院。通常是超量播种后疏苗至合适的密度。在我国广州市黄瓜栽培季节较长,露地栽培可达9个月以上,利用设施栽培可达到周年生产与供应,年种植面积5万~10万亩,是内销和出口的重要蔬菜之一。

九、思维拓展

学习本任务后,练习制作以下菜肴(图3-4-4)。

图3-4-4 思维拓展示意图
(a)示意一;(b)示意二;(c)示意三;(d)示意四;(e)示意五;(f)示意六

任务五　工艺冷盘花开富贵的制作

一、任务描述

进入冷菜厨房，为寿宴制作花开富贵拼盘，根据胡萝卜、盐水虾、黄瓜、心里美萝卜、菠萝、南瓜、西红柿等不同形状、色泽、口味质感的原料，运用排、摆等拼摆手法造型，完成花开富贵拼盘的制作。拼盘图案应美观，色彩分明，形态饱满，体现不同冷菜的风味特色。

二、学习目标

（1）熟知花开富贵的造型设计、原料采购，原料及成品加工、制作、保管的工作过程。

（2）初步掌握花开富贵的原料及成品加工、菜肴制作的实践操作规范和方法。

（3）能完成花开富贵拼摆，掌握其方法与操作关键。

（4）能掌握花开富贵制作的工艺流程。

（5）能根据花开富贵的制作要求，学会类似拼盘的制作方法。

三、成品质量标准

花开富贵成品如图 3-5-1 所示。

此菜色彩艳丽，各种造型的花卉立体形象突出，花卉品种多样，花篮的篮体突出主料的使用。

图 3-5-1　花开富贵成品

四、知识与技能准备

1．造型设计

选用直径 53 厘米的圆盘，将西兰花、胡萝卜、盐水虾、心里美萝卜、菠萝、南瓜、西红柿用半立体拼摆手法拼制成花篮。为了更好地展示作品造型的美观性，增强视觉效果，使用半立体拼摆手法。在处理时应注意外包装效果，不仅能体现整体效果，而且垫底物密实，如茸、泥类，可塑性强。此法具有与外装饰合为一体的效果。选用不同色彩和口味的原料，注重冷暖色彩的搭配，使色彩层析分明。

2．原料准备

原料要求质地细腻，形状规整，便于切割为整齐的薄片。心里美萝卜、胡萝卜、卫青萝卜选用实心不糠的。

3．技能点

(1) 花卉冷拼的拼摆要求。这里的花卉是指在冷盘制作中起组合作用的小型花卉。这些小型花卉的单个拼摆方法，也经常用在围碟中。由于花卉品种繁多，这里对冷盘的制作中常用的花卉进行介绍，以便大家能从中掌握一定的规律，受到一定的启迪。拼摆牡丹花的花瓣呈近圆形，并且花瓣边缘呈锯齿状。因此，在制作牡丹花时要表现出其自然形态，在对原料进行选择和修整时，应选择将原料整修成圆形、半圆形或者椭圆形，以及边缘凹凸不平的锯齿状。

若要达到一定的目的，可采取两种方法：一是选择符合以上两个条件的自然原料，如海蜇头、龙眼、银耳等。二是利用呈圆形、半圆形或是椭圆形的原料，如鸡脯肉、鸭脯肉等，进行一定的刀工处理使其边缘呈锯齿状。然后再将片形原料一片一片地叠成牡丹花状。拼摆月季花与拼摆牡丹花极为相似，但不同的是，月季花的花瓣外沿呈圆滑弧形，无锯齿状，因此，在选择原料进行修整时，要保证方形原料的外沿呈圆滑弧形。

若要做到这一点，同样可以采取两种措施：一是选择表面呈圆滑弧形的原料，如鱼肉、鲍鱼、海螺肉、猪心、鸡腿、鸡脯肉等。二是在切片时比牡丹花的花瓣要略厚，禽类原料最好带皮使用，以确保片形原料的外沿呈圆滑弧形。另外，由于皮面的色泽与肉色有一定的色差，带皮的原料拼摆出的月季花更有层次感。这里需要说明的是，质地较硬的原料，如牛肉、叉烧肉、口条、笋等，不宜用来制作月季花。

(2) 花篮拼盘对器皿的要求。拼摆花篮时要选择适当的盛器，中国盛装菜品的器皿是世界闻名的，菜肴质量的优劣对食用者而言尤为重要，但是优质的菜肴要选择适合盛装的器皿，这一点尤为重要。冷菜拼摆菜品是器皿上的艺术，它的创作空间只能是器皿这个范围，因此，选择拼摆凉菜的盛装器皿，要做到拼摆图形的色彩和器皿色彩纹饰相和谐，整体形状和器皿的空间相和谐，整桌宴席的器皿搭配合理。清代大诗人袁枚曾纵观中国美食与美器的发展后言道:"古语云'美食不如美器',斯语是也。煎炒宜盘,汤羹宜碗,参错其间,方觉生色。"这些语句无疑是对美食和美器之间的精妙总结。

五、工作过程

1. 选料

原料准备如图3-5-2所示。

图3-5-2 原料准备

菠萝80克、胡萝卜80克、紫甘蓝80克、心里美萝卜80克、白萝卜80克、黄瓜100克、皮蛋肠50克、凉拌萝卜丝400克、西红柿80克、南瓜80克、盐水虾100克、卫青萝卜80克。

调料:精盐50克、白醋100克、橄榄油100克、白糖100克。

2. 工具准备

片刀1把、砧板1块、直径53厘米餐盘1个、水盆1个、消毒毛巾1条、餐巾纸1包、医用酒精1瓶、煸锅1个、漏勺1个、镊子1个、雕刻刀1把、方盘1个、配菜盘2个、马斗2个、排笔1个。

3. 花开富贵制作步骤

花开富贵制作步骤如图3-5-3所示。

将南瓜条和卫青萝卜条编成花篮的底部。

将黄瓜斜切成片并码好,摆在花篮上方。

用凉拌萝卜丝给花篮垫底。

工艺关键:拼摆花篮时垫底要以花篮的一半为标准,突出立体效果,花篮的边缘要用黄瓜立体码放,突出冷菜刀工的整齐划一。

将紫甘蓝和盐水虾制成的月季花摆在花篮上。

按照位置安排,将用心里美萝卜制成的牡丹花摆在花篮上。

将用菠萝制成的牡丹花摆在花篮中间,把色彩区分开。

工艺关键:月季花、牡丹等的码放要错落有致,以突出立体效果。

图3-5-3 花开富贵制作步骤

将黄瓜切梳子块制成叶子，将西红柿切片，卷成一朵花，摆在黄瓜旁边。

花篮底部用胡萝卜收尾。

将刻好的花开富贵四个字摆在盘子中。

工艺关键：花篮中绿叶的码放也应突出立体效果，点缀要恰当，以突出整体效果。

图 3-5-3　花开富贵制作步骤（续）

4．保鲜

在花开富贵上抹匀色拉油，抹油用干净的排笔，一次蘸油量要少，可将多余的油在碗边轻轻抹去，由下至上轻轻抹匀。用保鲜膜封住盘面，将保鲜膜拉直，整齐地撕下，注意动作要轻盈快捷，不要影响盘内造型。

六、评价参考标准

花开富贵评价标准

评价内容	评价标准	配分	自评得分	互评得分
色泽	色泽艳丽，搭配合理，几何造型突出	20		
拼摆手法及刀工	刀工细腻，熟练准确，拼盘手法流畅	20		
口味质感	口味多变且清淡，质感清、鲜、爽、嫩、脆	20		
装盘	装盘形态饱满，色、形、量与盛装器皿搭配协调，造型美观	20		
卫生	原材料新鲜，操作工具、盛装器皿洁净卫生，操作过程严格按照"五专"的要求	20		
教师综合评价				

七、检测与练习

（一）基础知识练习

1．花开富贵运用了_____种原料。

2. 花开富贵运用了_____种拼摆手法。

3. 花开富贵切制时用_____、_____、_____刀法。

（二）动手操作

1. 通过网络查询花开富贵造型结构。

2. 自己绘制花开富贵的图片。

八、知识链接

1. 构图欣赏

两张图片（图3-5-4）为工笔画的花篮和实物照片的花篮，自己分析一下它的构图和颜色搭配有何优缺点。

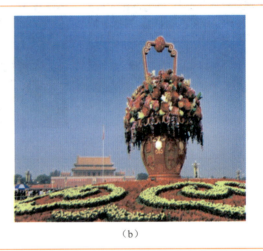

（a）　　　　　　　　　　　　　　（b）

图3-5-4　构图欣赏示意图

（a）示意一；（b）示意二

2. 拼摆原料介绍

番茄：别名西红柿、洋柿子，古名六月柿、喜报三元。在秘鲁和墨西哥，最初称之为"狼桃"。果实营养丰富，具特殊风味。可以生食，煮食，加工制成番茄酱、汁或整果罐藏。番茄是全世界栽培最为普遍的果菜之一。美国、意大利和中国为主要生产国。在欧美国家、中国和日本有大面积温室、塑料大棚及其他保护地设施栽培。中国各地普遍种植，栽培面积仍在继续扩大。西红柿的根系发达，分布广而深，发根力很强，茎部也易生不定根，移栽容易，亦可行扦插繁殖。最早生长在南美洲，因为色彩娇艳，人们对它十分警惕，视为"狐狸的果实"，又称狼桃，只供观赏，不敢品尝。而今它却是人们日常生活中不可缺少的美味佳品。

九、思维拓展

学习本任务后,练习制作以下菜肴(图3-5-5)。

图 3-5-5 思维拓展示意图
(a)示意一;(b)示意二;(c)示意三;(d)示意四;(e)示意五;(f)示意六

任务六　工艺冷盘锦鸡报春的制作

一、任务描述

进入冷菜厨房，为谢师宴制作锦鸡报春，根据西兰花、胡萝卜、荷兰黄瓜、咖啡糕、哈尔滨红肠、白萝卜、叉烧肉、酱肘子、皮蛋肠、墨鱼卷、奶糕等不同形状、色泽、口味质感的原料，运用排、拼、叠等拼摆手法造型，完成锦鸡报春拼盘的制作。拼盘图案应美观，色彩分明，形态饱满，体现不同冷菜的风味特色。

二、学习目标

（1）熟知锦鸡报春的造型设计、原料采购，原料及成品加工、制作、保管的工作过程。

（2）初步掌握锦鸡报春的原料及成品加工、菜肴制作的实践操作规范和方法。

（3）能完成锦鸡报春拼摆，掌握其方法与操作关键。

（4）能掌握锦鸡报春制作的工艺流程。

（5）能根据锦鸡报春的制作要求，学会类似拼盘的制作方法。

二、成品质量标准

锦鸡报春成品如图 3-6-1 所示。

图 3-6-1　锦鸡报春成品

此为鸟类造型拼盘，锦鸡造型逼真，色彩艳丽，立体感强，下码山石，层次感强，主题突出，属于大型宴会特色冷菜。

四、知识与技能准备

1. 造型设计

选用直径 53 厘米的圆盘，锦鸡造型逼真，色彩艳丽，立体感强，下码山石，层次感强，主题突出。锦鸡报春选用不同色彩、口味的原料，锦鸡造型注重冷暖色彩的搭配，山的造型层次分明。

2．原料准备

原料要求质地细腻，形状规整，便于切割为整齐的薄片。心里美萝卜、胡萝卜、青萝卜选用实心不糠的。

3．鸟类题材冷拼造型的要求

锦鸡报春的技能点以鸟为题材，在冷盘制作中使用广泛。在众多的鸟类中，无论是体大或形小者，不管其羽毛的色彩是否鲜艳，它们的羽毛均较小，且短而秃。因此，在制作以鸟类为题材的冷盘时，用于尾部和翅膀的原料，其形状应修成柳叶形、长月牙形或长三角形；用于腹部、背部的原料，其形状要修成短柳叶形、鸡心形或椭圆形。

当然，这也不是可以一概而论的，将原料修整成的形状和大小应视具体情况而定。有些凶猛的鸟类，如雄鹰等，其身部的羽毛可采用三角形或菱形片层层排叠而成，这样更可显示出其凶猛、刚劲而有力的个性；有些性格较为温和的鸟类，如和平鸽、鸳鸯等，则要采用圆弧形片，如椭圆形、鸡心形等，这样显得造型更为得体、和谐。当然，在对原料进行修整时，还要根据具体冷盘的构图造型和使用餐具的大小来确定原料形状的大小，以免不匹配。

4．鸟类题材的构图规律

所有鸟类，在构图造型中都有一个共同的规律，即它们的头部和身体都呈椭圆形，不管它们的姿态如何，或站、或蹲、或飞，其轮廓是由两个椭圆组成。由于鸟的种类很多，形态也千变万化，而且每类鸟都有与其他鸟类不同的个性。在冷盘造型中，除了要把握鸟类的共性外，还要把握每类鸟的个性，这样才能把我们所要拼摆的鸟的造型巧妙而准确地表现出来；否则，就会感到别扭、不舒服，有时感到畸形、不健康。锦鸡拼盘要防止拼摆原料之间的相互串味。拼摆一款有图形的凉菜制品时，在用料上肯定应选择各种各样的凉菜制品，由于每种凉菜的特点都不一样，尤其是口味差别很大，拼摆时就需考虑到相互之间不能串味。在一盘拼摆菜肴中，不但要体现艺术性，还要让食用者吃后可以感受到丰富的口味变化，因此将各种冷菜拼摆在一起时，不要影响它们固有的味道和香味。拼摆凉菜时，选择干燥、汁少、无汤的原料最为适宜，在盛装时要做到菜与菜之间合理搭配，防止带汁水的菜肴破坏其他干酥质感菜肴的品质。

五、工作过程

1. 选料

原料准备如图 3-6-2 所示。

西兰花 150 克、胡萝卜 80 克、荷兰黄瓜 100 克、咖啡糕 80 克、哈尔滨红肠 80 克、白萝卜 80 克、叉烧肉 80 克、酱肘子 80 克、皮蛋肠 50 克、墨鱼卷 80 克、奶糕 80 克、红椒 30 克、方火腿 30 克、凉拌白萝卜丝 400 克、澄面 100 克。

图 3-6-2　原料准备

调料：精盐 50 克、白醋 100 克、橄榄油 100 克、白糖 100 克。

2. 工具准备

片刀 1 把、砧板 1 块、直径 53 厘米餐盘 1 个、水盆 1 个、消毒毛巾 1 条、餐巾纸 1 包、医用酒精 1 瓶、煸锅 1 个、漏勺 1 个、镊子 1 个、雕刻刀 1 把、拉线刀 1 把、方盘 1 个、配菜盘 2 个、马斗 2 个、排笔 1 个。

3. 锦鸡报春制作步骤

锦鸡报春制作步骤如图 3-6-3 所示。

将咖啡糕划成锦鸡尾巴并修整好。

将用胡萝卜制成的锦鸡头部按在澄面捏好的形状上。

用拉线刀将尾巴拉出线条。

工艺关键：锦鸡尾部是用咖啡糕制成的，利用雕刻刀将锦鸡改成上长下短略微弯曲的锦鸡尾部造型，再用拉线刀刻画出锦鸡尾部的羽毛，因为咖啡糕质地较软，用力应轻，动作干净利落而且准确。

黄瓜用剞刀切成长片制成尾翎，并码在尾部上下两侧。

将红彩椒切成不断的梳子刀，盖在尾巴上面。

将白萝卜切成片，码放在锦鸡身子上成为羽毛的一部分，然后把锦鸡脚摆放好。

工艺关键：用烫好的澄面或土豆泥塑成锦鸡的头部、身体和腿部。将黄瓜修切成锦鸡的尾翎，上下片数要相等，码放时应自然、流畅，红彩椒修成的尾部羽毛要刀工精细且刀距一致。

图 3-6-3　锦鸡报春制作步骤

将叉烧肉和酱肘子切成大片码成山形，放在锦鸡下面。	用同样的方法将其他原料依次交错码放，并将黄瓜切成梳子块，制作野草。	慢慢修整拼盘。

工艺关键：码放在锦鸡脚下的山石原料的色彩要搭配合理，深浅错落有致，所有切好的片大小、薄厚要一致。用西兰花或黄瓜梳子块封底，才显山峰的厚重，突出立体感。

将眼睛按位置装好。	将胡萝卜刻成的梅花码放在一角作为装饰。	将用黄瓜皮刻好的锦鸡报春四个字摆上，冷盘制作就完成了。

工艺关键：锦鸡报春的梅花是此拼盘最重要的，树杈和梅花要小而精细，以体现春天的到来。最后再加上用黄瓜皮雕好的锦鸡报春四个字，仿若一幅完整的工笔画。

图 3-6-3　锦鸡报春制作步骤（续）

4．保鲜

在锦鸡报春上抹匀色拉油，抹油用干净的排笔，一次蘸油量要少，可将多余的油在碗边轻轻抹去，由下至上轻轻抹匀。用保鲜膜封住盘面，将保鲜膜拉直，整齐地撕下，注意动作要轻盈快捷，不要影响盘内造型。

六、评价参考标准

锦鸡报春评价标准

评价内容	评价标准	配分	自评得分	互评得分
色泽	色泽艳丽，搭配合理，几何造型突出	20		
拼摆手法及刀工	刀工细腻，熟练准确，拼盘手法流畅	20		
口味质感	口味多变且清淡，质感清、鲜、爽、嫩、脆	20		
装盘	装盘形态饱满，色、形、量与盛装器皿搭配协调，造型美观	20		
卫生	原材料新鲜，操作工具、盛装器皿洁净卫生，操作过程严格按照"五专"的要求	20		
教师综合评价				

七、检测与练习

（一）基础知识练习

1. 常见的拼摆手法包括_____、_____、_____、_____。
2. 锦鸡报春在构图时应注意_____。
3. 锦鸡报春拼摆好后用_____保存。

（二）动手操作

1. 通过网络查询锦鸡报春造型结构。
2. 自己绘制锦鸡报春的图片。

八、知识链接

1. 构图欣赏

四张图片（图3-6-4）为工笔画的锦鸡报春和实物照片的锦鸡报春，自己分析一下它的构图和颜色搭配有何优缺点。

图 3-6-4　构图欣赏示意图
（a）示意一；（b）示意二；（c）示意三；（d）示意四

2. 拼摆原料介绍

琼脂：琼脂能在肠道中吸收水分，使肠内容物膨胀，增加大便量，刺激肠壁，引起便意。所以经常便秘的人可以适当食用一些石花菜。琼脂富含矿物质和多种维生素，其中的褐藻酸盐类物质有降压作用，淀粉类硫酸脂有降脂功能，对高血压、高血脂有一定的防治作用。可清肺化痰，清热祛湿，滋阴降火，凉血止血。

胡萝卜：又称甘荀，是伞形科胡萝卜属二年生草本植物。以肉质根作蔬菜食用。原产亚洲西南部，阿富汗为最早演化中心，栽培历史在 2 000 年以上。胡萝卜为伞形科草本植物，又称胡芦菔、红萝卜、黄萝卜。胡萝卜的营养成分极为丰富，含有大量的蔗糖、淀粉和胡萝卜素，还有维生素 B1、维生素 B2、叶酸、多种氨基酸（以赖氨酸含量较多）、甘露醇、木质素、果胶、槲皮素、山奈酚、少量挥发油、咖啡酸、没食子酸及多种矿物元素，有治疗夜盲症、保护呼吸道和促进儿童生长等功能。此外还含较多的钙、磷、铁等矿物质。生食或熟食均可，可腌制、酱渍、制干或作饲料。

九、思维拓展

学习本任务后，练习制作以下菜肴（图 3-6-5）。

图 3-6-5 思维拓展示意图

(a) 示意一；(b) 示意二；(c) 示意三；(d) 示意四；(e) 示意五；(f) 示意六

任务七 工艺冷盘蝶恋花的制作

一、任务描述

进入冷菜厨房，为喜宴制作蝶恋花，根据西兰花、胡萝卜、荷兰黄瓜、咖啡糕、哈尔滨红肠、白萝卜、叉烧肉、皮蛋肠、心里美萝卜、白萝卜、白蒜肠、大根、盐水虾等不同形状、色泽、口味质感的原料，运用围、摆、覆等拼摆手法造型，完成蝶恋花拼盘的制作。拼盘图案应美观，色彩分明，形态饱满，体现不同冷菜的风味特色。

二、学习目标

（1）熟知蝶恋花的造型设计、原料采购，原料及成品加工、制作、保管的工作过程。

（2）初步掌握蝶恋花的原料及成品加工、菜肴制作的实践操作规范和方法。

（3）能完成蝶恋花拼摆，掌握其方法与操作关键。

（4）能掌握蝶恋花制作的工艺流程。

（5）能根据蝶恋花的制作要求，学会类似拼盘的制作方法。

三、成品质量标准

蝶恋花成品如图 3-7-1 所示。

此拼盘构图虚实兼备，两只蝴蝶在山间飞舞，追逐鲜花，造型逼真，色彩搭配鲜艳。此冷盘刀工精细，品种多样，口味多变，是大型宴会的看盘。

图 3-7-1　蝶恋花成品

四、知识与技能准备

1．造型设计

选用长为 67 厘米的长方盘，两只蝴蝶山间飞舞，追逐鲜花，造型逼真，色彩搭配鲜艳。

2. 原料准备

蝶恋花选用不同色彩、口味的原料，注重冷暖色彩的搭配，使色彩层次分明。原料要求质地细腻，形状规整，便于切割为整齐的薄片。心里美萝卜、胡萝卜、青萝卜选用实心不糠的。

3. 蝴蝶的造型与冷拼原料的运用

世界上蝴蝶的种类多达数千种，其斑斓的色彩、玲珑的体形和优美的舞姿均十分惹人喜爱，因此，蝴蝶是冷盘构图中常用的造型题材之一。截至目前，成功地把蝴蝶列为题材的冷盘造型品种，已不下数十种，如"蝶恋花""群蝶闹春""花香蝶舞""彩蝶双飞""彩蝶迎春"等，即使是同样的菜名，由于选用不同的蝴蝶品种，其构图造型与色彩搭配也不尽相同。所有的蝴蝶都有一个共同的特点，即色彩鲜艳，翅膀和身段都呈弧形，有着典型的柔美感。如果把握好这一规律，制作以蝴蝶为题材的冷盘造型也就容易多了，而且也就可以清楚地知道，在制作以蝴蝶为主要题材的冷盘造型时，首先，应选用色彩较为鲜艳的原料，如火腿、黄蛋糕、紫菜蛋卷、火茸蛋卷、胡萝卜、豆茸蛋卷等；其次，应将原料修整成鸡心形、椭圆形或选用自然呈圆弧形状的原料，如盐水虾、紫菜蛋卷等，还有蓑衣口蘑、香肠。这样，局部与整体之间就显得非常协调一致。切忌将原料修成方形、三角形或菱形，如果用棱角分明的原料来拼摆蝴蝶的翅膀，则刚不成，柔不是，不伦不类。

4. 拼摆蝴蝶时应注意营养

蝶恋花拼摆时，要注意营养，拼摆选择原料时，要注意营养搭配合理，无论制作什么样式的冷菜拼摆菜肴，都要考虑营养第一，不但荤素搭配合理，还要使营养互补的作用更加突出，让食用者吃得科学，吃得健康，使拼摆菜肴更为益于食用。

依冷菜拼摆的三个步骤在制作冷菜拼摆时很容易造型和创作，这三个步骤可以帮助制作者顺利操作，在操作上绝对不能打乱顺序，以免制作拼摆时损耗原料而造成浪费。

五、工作过程

1. 选料

原料准备如图 3-7-2 所示。

西兰花 150 克、胡萝卜 80 克、荷兰黄瓜 50 克、咖啡糕 80 克、哈尔滨红肠 80 克、白萝卜 80 克、叉烧

图 3-7-2　原料准备

肉 80 克、皮蛋肠 80 克、心里美萝卜 80 克、白蒜肠 80 克、日本大根 80 克、盐水虾 80 克、青笋 120 克、樱桃萝卜 100 克、红樱桃 3 个、荷兰豆 50 克、黄瓜 100 克。

调料：精盐 50 克、白醋 100 克、橄榄油 100 克、白糖 100 克。

2．工具准备

片刀 1 把、砧板 1 块、直径 67 厘米餐盘 1 个、水盆 1 个、消毒毛巾 1 条、餐巾纸 1 包、医用酒精 1 瓶、煸锅 1 个、漏勺 1 个、镊子 1 双、雕刻刀 1 把、方盘 1 个、配菜盘 2 个、马斗 2 个、排笔 1 个。

3．蝶恋花制作步骤

蝶恋花制作步骤如图 3-7-3 所示。

将原料改成块状并用盐水腌制，然后切成片在盘中码成山形。	用同样的方法将其他原料交错压在上一层之上。	注意色彩搭配，每层之间色彩的对比度要鲜明。

工艺关键：利用长方盘码制拼盘是现代厨房冷菜拼摆的创意，因为长方盘更能体现国画和工笔画的效果，蝶恋花的山要码成陡峭的山峰，用长方盘最为恰当。码放原料时应将每种原料堆成倒 U 的形状。色彩搭配要鲜明，上低下高，以突出山峰的陡峭。

将所用的原料依次码放成山形。	用咖啡糕制出树杈，并用胡萝卜刻出花，摆在树杈上。	将白萝卜切成片制成蝴蝶身体，将修好的小片摆在里面作为蝴蝶翅膀。

工艺关键：陡峭的山石上拼摆梅花树杈，是构图的主体，因此既要简单又要突出。蝴蝶要用白萝卜修切成立体效果再向上码片，以突出刀工的细腻。

将拼好的蝴蝶摆入盘中，再加上须子即可。	把刻好的蝶恋花三个字放在盘中。	蝶恋花制作完成了。

工艺关键：在大山峰的一侧码上另一个小山峰，形成高低错落的视觉效果，两只蝴蝶在山间花草中飞舞，使构图更加完整，体现了意境美。

图 3-7-3　蝶恋花制作步骤

4．保鲜

在蝶恋花上抹匀色拉油，抹油用干净的排笔，一次蘸油量要少，可将多余的油在碗边轻轻抹去，由下至上轻轻抹匀。用保鲜膜封住盘面，将保鲜膜拉直，整齐地撕下，注意动作要轻盈快捷，不要影响盘内造型。

六、评价参考标准

蝶恋花评价标准

评价内容	评价标准	配分	自评得分	互评得分
色泽	色泽艳丽，搭配合理，几何造型突出	20		
拼摆手法及刀工	刀工细腻，熟练准确，拼盘手法流畅	20		
口味质感	口味多变且清淡，质感清、鲜、爽、嫩、脆	20		
装盘	装盘形态饱满，色、形、量与盛装器皿搭配协调，造型美观	20		
卫生	原材料新鲜，操作工具、盛装器皿洁净卫生，操作过程严格按照"五专"的要求	20		
教师综合评价				

七、检测与练习

（一）基础知识练习

1. 蝶恋花中的树枝用了_____原料。
2. 拼盘垫底一般用_____、_____、_____形状原料。
3. 蝶恋花用了_____种原料。

（二）动手操作

1. 通过网络查询蝶恋花造型结构。
2. 自己绘制蝶恋花的图片。

八、知识链接

构图欣赏

四张图片（图 3-7-4）为工笔画的蝶恋花和蝴蝶的实物照片，自己分析一下它的构图和颜色搭配有何优缺点。

图 3-7-4　构图欣赏示意图

（a）示意一；（b）示意二；（c）示意三；（d）示意四

九、思维拓展

学习本任务后，练习制作以下菜肴（图 3-7-5）。

图 3-7-5　思维拓展示意图

（a）示意一；（b）示意二；（c）示意三；（d）示意四；（e）示意五；（f）示意六

任务八　工艺果盘商务水果拼盘的制作

一、任务描述

进入冷菜厨房，为商务宴会制作商务水果拼盘，根据草莓、菠萝、西瓜、火龙果、杨桃、橙子、猕猴桃、樱桃、苹果等不同形状、色泽、口味质感的原料，运用排、覆等拼摆手法造型，完成商务水果拼盘的制作。拼盘图案应美观，色彩分明，形态饱满，体现不同水果的风味特色。

二、学习目标

（1）熟知商务水果拼盘的造型设计、原料采购，原料及成品加工、制作、保管的工作过程。

（2）初步掌握商务水果拼盘的原料及成品加工、菜肴制作的实践操作规范和方法。

（3）能完成商务水果拼盘拼摆，掌握其方法与操作关键。

（4）能掌握商务水果拼盘制作的工艺流程。

（5）能根据商务水果拼盘的制作要求，学会类似拼盘的制作方法。

三、成品质量标准

商务水果拼盘成品如图 3-8-1 所示。

色彩鲜艳亮丽、拼摆整齐悦目、造型逼真、艺术性强、刀工精细、营养丰富。

图 3-8-1　商务水果拼盘成品

四、知识与技能准备

1. 造型设计

水果拼盘，就是将多种时令鲜果洗净后，经刀工处理成各种易于食用的形状，然后将其有规律地组合、拼摆盛在容器内，使其成为融实用性、观赏性于一体的艺术形态。

2．小型水果拼盘

适宜一人食用，水果数量较少，一般每种水果用 2～3 块。根据使用器皿可分为：圆形水果拼盘——使用圆形器皿盛装的水果拼盘。条形水果拼盘——使用条形器皿盛装的水果拼盘。多边形水果拼盘——使用方形、三角形、六边形，或其他多边形器皿盛装的水果拼盘。

五、工作过程

1．选料

原料准备如图 3-8-2 所示。

草莓 500 克、菠萝 250 克、西瓜 500 克、火龙果 450 克、杨桃 400 克、橙子 400 克、猕猴桃 500 克、樱桃 250 克、苹果 750 克。

图 3-8-2　原料准备

2．工具准备

片刀 1 把、砧板 1 块、水果盘若干、水盆 1 个、消毒毛巾 1 条、餐巾纸 1 包、医用酒精 1 瓶、雕刻刀 1 把。

3．商务水果拼盘制作步骤

商务水果拼盘制作步骤如图 3-8-3 所示。

将橙子一开六，并使果肉与皮前方 2/3 处分开，后面则连着。

将猕猴桃去皮一开二，顶刀切成 0.5 厘米厚的片。

工艺关键：将橙子划成三角块，一直片至根部，这样切出的橙子块既干净又便于食用。猕猴桃要去皮切厚片，便于用牙签扎食。

将杨桃和猕猴桃一样顶刀切成 0.5 厘米厚的片。

将菠萝一开二，并修成 0.5 厘米厚的蝴蝶形。

工艺关键：杨桃是五星状，五个边的果肉口感较老，所以要去掉边缘，菠萝应在食用之前用盐水泡制，避免产生涩味。

图 3-8-3　商务水果拼盘制作步骤

 将西瓜修切成心形,顶刀切成0.5厘米厚的片。	 将苹果一开四,将把去除并左右交错下刀,在中心位置停下,使两刀交于中心位置,然后将果肉取下。
工艺关键:西瓜切成0.5厘米厚的片,便于用牙签扎食。苹果左右剞刀的深度要一致,将其堆成寿桃形。	
 将修切好的各种水果摆入盘中。	 将杨桃摆好。
工艺关键:码放水果时要注意色泽、形状的搭配,体现自然美和整体美。	
 商务水果拼盘就制作完成了。	 此拼盘是按位上的。
工艺关键:水果拼盘做好后,应用保鲜膜封好,避免锈蚀。	

图 3-8-3　商务水果拼盘制作步骤(续)

4．保鲜

将制作好的商务水果拼盘封上保鲜膜,再放入冰箱的冷藏室中。

六、评价参考标准

商务水果拼盘评价标准

评价内容	评价标准	配分	自评得分	互评得分
色泽	色泽艳丽,搭配合理,几何造型突出	20		
拼摆手法及刀工	刀工细腻,熟练准确,拼盘手法流畅	20		

续表

评价内容	评价标准	配分	自评得分	互评得分
口味质感	口味多变且清淡，质感清、鲜、爽、嫩、脆	20		
装盘	装盘形态饱满，色、形、量与盛装器皿搭配协调，造型美观	20		
卫生	原材料新鲜，操作工具、盛装器皿洁净卫生，操作过程严格按照"五专"的要求	20		
教师综合评价				

七、检测与练习

（一）基础知识练习

1．商务水果拼盘制作时应注意什么？
2．商务水果拼盘都有哪些手法？
3．水果拼盘有哪些分类？

（二）动手操作

1．通过网络查询商务水果拼盘造型结构。
2．自己绘制商务水果拼盘的图片。

八、知识链接

杨桃，学名五敛子，又名"羊桃""阳桃"，因其横切面呈五角星，故在国外又称"星梨"。杨桃属热带、南亚热带水果，是常绿小乔木或灌木，原产印度，现在马来西亚、印度尼西亚等国有种植，我国的海南省也有栽培，杨桃在海南的栽培历史已逾千年，主要产地有三亚、陵水、琼山、文昌、万宁、琼海等市县，其品种有10多种，有甜杨桃和酸杨桃之分，是海南省名闻遐迩的佳果。

杨桃是常绿小乔木或灌木，浆果一年四季交替互生，但品质以7月开花、秋分果熟的为最佳，产量也最高。中秋前后为杨桃的旺产期。杨桃果实一般生于老枝枝旁或落叶后叶腋，未熟时呈绿色或淡绿色，熟时呈黄绿色至鲜黄色，李时珍形容为："其色青黄润绿"，很是贴切。杨桃果实形状特殊，颜色呈翠绿鹅黄色，皮薄如膜，肉脆滑汁多，甜酸可口。除含糖10%外，还含有丰富的维生素A和维生素C。

奇异果（猕猴桃）除含有丰富的维生素C、维生素A、维生素E以及钾、镁、纤维素之外，还含有其他水果比较少见的营养成分——叶酸、胡萝卜素、钙、黄体素、氨基酸、天然肌醇。奇异果的钙含量是葡萄柚的2.6倍、苹果的17倍、香蕉的4倍，维生素C的含量是柳橙的2倍。因此，它的营养价值远超过其他水果。

奇异果含有丰富的维生素C，可强化免疫系统，促进伤口愈合和对铁质的吸收；它所富含的肌醇及氨基酸，可抑制抑郁症，补充脑力所消耗的营养；它的低钠高钾的完美比例，可补充熬夜加班所失去的体力。

对男性白领来说，奇异果更具有奇异的功效，它含有不少精氨酸，能促使血液循环顺畅，增进性能力。对中老年人来说，几乎不含脂肪的奇异果所含的丰富果胶及维生素E，对心脏健康很有帮助，可降低胆固醇。对青少年和儿童来说，奇异果所含的精氨酸等氨基酸，能强化脑功能及促进生长激素的分泌。

九、思维拓展

学习本任务后，练习制作以下菜肴（图3-8-4）。

图3-8-4 思维拓展示意图
（a）示意一；（b）示意二；（c）示意三；（d）示意四

单元三　小结

本单元我们完成了 8 个任务，都是训练工艺冷盘基本技法，是由每个冷菜小组在冷菜厨房工作环境中配合共同完成。

工艺冷盘任务一是以训练工艺冷盘几何造型基本拼摆技法为主的实训任务，主要是运用排、堆、叠、摆等技法，了解冷菜原料的色彩搭配及口味搭配如何运用。

工艺冷盘任务二至五是以训练工艺冷盘风景拼摆技法，运用排、堆、叠、摆、覆为主的实训任务，让学生能够运用冷菜原料的色彩、质地搭配及口味搭配完成拼摆。

工艺冷盘任务六至七是以训练工艺冷盘禽鸟类拼摆技法，运用排、堆、叠、围、摆、覆为主的实训任务，主要是让学生能够熟练运用冷菜原料的色彩、质地搭配及口味搭配完成半立体和立体造型的拼盘。

工艺冷盘任务八是以训练水果拼盘拼摆技法为主的实训任务，主要是让学生能够灵活运用各种工艺冷盘拼摆技法及盘饰技法，主要训练学生复杂的造型技法。

为了便于记忆，可以参照下面的顺口溜。

工艺冷盘顺口溜

学围碟，是基础，原料质地是筋骨，反复练习不怕苦。

学拼盘，要记牢，食品安全最重要，快刀好用保安全。

工艺盘，不简单，构图配色是难点，妙手刀下能升仙。

单元三　检测

一、判断题

1．制作白蛋糕、黄蛋糕在蒸制成熟时应使用中火加热。（　　）

2．双拼是可以对称的。（　　）

3．双拼应使用两种原料。（　　）

4．双拼不用垫底。（　　）

5．双拼是使用荤素两种原料拼摆而成。（　　）

6．什锦拼盘的荤素原料使用种类一般在六种以上。（　　）

7．什锦色应是相同颜色。（　　）

8．什锦拼盘的拼制方法是拼摆法。（　　）

9．制作花色拼盘应先拼头后拼尾。（　　）

10．垫底的原料应用边角料。（　　）

二、填空题

1．丹凤戏牡丹的成品要求是什么？＿＿＿＿＿＿＿＿＿＿＿＿＿＿＿＿＿＿＿＿。

2．丹凤戏牡丹拼摆时用到了哪些手法？＿＿＿＿＿＿＿＿＿＿＿＿＿＿＿＿＿＿。

3．蝶恋花中的树枝用了＿＿＿＿＿＿原料。

4．拼盘垫底一般用＿＿＿＿＿＿、＿＿＿＿＿＿、＿＿＿＿＿＿形状原料。

5．海南风光运用了＿＿＿＿＿＿、＿＿＿＿＿＿拼摆手法。

6．工艺冷盘垫底一般用＿＿＿＿＿＿、＿＿＿＿＿＿、＿＿＿＿＿＿形状原料。

7．花开富贵用了＿＿＿＿＿＿种原料。

8．花开富贵运用了＿＿＿＿＿＿种拼摆手法。

9．常见的拼摆手法包括＿＿＿＿＿＿、＿＿＿＿＿＿、＿＿＿＿＿＿、＿＿＿＿＿＿。

10．锦鸡报春在构图时应注意＿＿＿＿＿＿＿＿＿＿＿＿＿＿＿＿。

11．锦鸡报春拼摆好后用＿＿＿＿＿＿＿＿＿＿＿＿保存。

12．冷菜按原料可分为＿＿＿＿＿＿、＿＿＿＿＿＿。

13．拼盘最基本的原料有＿＿＿＿＿＿、＿＿＿＿＿＿、＿＿＿＿＿＿、＿＿＿＿＿＿等。

14. 什锦拼盘造型包括＿＿＿＿、＿＿＿＿、＿＿＿＿、＿＿＿＿四种。

15. 松峦叠翠拼摆原料中荤料有＿＿＿＿种。

16. 松峦叠翠切制时用＿＿＿＿、＿＿＿＿、＿＿＿＿刀法。

17. 冷拼拼摆的步骤包括＿＿＿＿、＿＿＿＿、＿＿＿＿。

18. 拼摆时在卫生方面有哪些要求？＿＿＿＿＿＿＿＿＿＿＿＿。

19. 雄鹰展翅完成后应做什么？＿＿＿＿＿＿＿＿＿。

20. 拼制雄鹰展翅都用到了哪些工具？＿＿＿＿＿＿＿＿＿＿＿＿＿。

21. 基围虾应选用体被呈＿＿＿＿色，腹部游泳肢呈＿＿＿＿色，额角上缘6～9齿，下缘无齿，无中央沟的。成熟虾雌大于雄，体长范围为80～150毫米，体重范围为5～50克。

22. ＿＿＿＿营养丰富。有治疗夜盲症、保护呼吸道和促进儿童生长等功能。

23. 心里美萝卜采用深秋季节的为好，＿＿＿＿，＿＿＿＿，外内心水分大，色泽呈＿＿＿＿，不糠心。

三、简答题

1．商务水果拼盘制作时应注意什么？

2．商务水果拼盘都有哪些手法？

3．水果拼盘的特点是什么？

4．红菜头是什么时候传入中国的？

5．西瓜的原产地在什么地方？

6．牡丹入药后可以治疗哪些病？

7．能够养心、益肾、补脾、涩肠的是荷花中的哪一部分？

单元四 综合实训

综合实训（一）　教师节冷餐会

一、任务描述

进入冷菜厨房，为一所初中学校的教师节团拜冷餐会制作冷菜和水果拼盘，冷餐会由冷菜区、热菜区、水果区、酒水区、点心区组成。学校教师有50人，其中女性教师30人，中年男性教师10人，青年男性教师10人。冷菜厨师根据人员情况在冷菜厨房制作冷荤和冷素及水果。现要求以小组为单位，设计出4种荤料和4种素料的冷菜及装盘和点缀的方法，并由教师指导。规定在120分钟内实施完成。将原料修整后，以厨房冷菜造型水准拼摆出冷菜区和水果区。要求拼盘图案美观、色彩分明、形态饱满、口味多样，体现不同冷菜的风味特色。

二、学习目标

（1）通过小组合作咨询熟知冷菜拼盘的冷菜区和水果区的造型设计，设计不同年龄段人群的营养设计，原料及成品加工、制作、保管的工作过程。

（2）小组合作，初步掌握冷菜区、水果区成品加工、菜肴制作的实践操作规范和方法及小组在厨房中的沟通协作技巧。

（3）小组合作，完成冷菜区和水果区拼摆，掌握其方法与操作关键。

（4）小组合作，掌握冷菜区和水果区制作的工艺流程。

（5）小组合作，根据冷菜区和水果区拼摆制作要求，学会类似拼盘的制作方法。

三、成品质量标准

冷菜区和水果区成品如图4-1-1所示。

色彩鲜艳亮丽、拼摆赏心悦目、造型逼真、艺术性强、刀工精细、营养丰富。

图4-1-1　冷菜区和水果区成品

四、知识与技能准备

造型设计

小组通过信息的搜集，完成冷菜区和水果区的设计，要求符合现代厨房冷菜标准，突出体现口味多变、烹调技法丰富、食用价值高的特点。装盘的造型标准而且卫生。

五、工作过程

1．选料

糖醋甘蓝菜、拌什锦菜、酸辣西瓜条、四川泡菜、什锦果酱、拌海带、麻酱茄子、香麻牛柳、红卤牛舌、山东烧鸡、珊瑚鸭掌、照烧鸭胸、卤水鸭舌、香葱海螺、油焖香虾、香辣黄瓜、金钱牛肚等冷菜。苹果、香蕉、橘子、西瓜、芒果、菠萝等水果。

2．盛器及工具准备

由小组自行设计，以符合冷菜五十人量的装盘要求为准。

片刀1把、砧板1块、水盆1个、消毒毛巾1条、餐巾纸1包、医用酒精1瓶、煸锅1个、漏勺1个、镊子1个、雕刻刀1把、方盘1个、配菜盘8个、马斗2个。（给定的工具如不够，自行配齐）

3．冷餐会菜单及菜肴设计思路

冷餐会作为集古今中外餐饮特色的宴请方式，随着我国改革开放的深化及中外餐饮的交流获得日益广泛的运用和迅速的发展，并且出现了高档化和大型化的趋势，得到了中外宾馆的赞誉。大型冷餐会所涉及的十大要素如下。

（1）冷餐会主题和环境。冷餐会不同于传统的中式宴会，它是一种讲主题、讲环境、讲氛围、讲品格的宴请方式，又是既有档次又不失轻松的交流场所。所以，不同的冷餐会应有不同的明晰的主题，不同的冷餐会要创造或设置不同的环境。比如，重大的节日宴请，有影响的活动宴请，近阶段将接踵而来的圣诞节、元旦、春节欢庆等，都有其独特的内涵和外延，都有不同的主题，因此必须在冷餐会的主题和环境方面有不同的体现，既有共性又有个性。

（2）冷餐会台面设计。冷餐会台面是冷餐会中最占据人们视线，最反映氛围的部分，是冷餐会中的大色块、大布局，是宴请的主色调。一般来说，有冷色调或暖色调之分，冷餐会中我们采用了蓝白横拼的冷色调，反差冷峻而不失高雅。在冷餐会中，采用黄红相间的暖色调，融入了基本色彩，充满了节日的喜庆而又不落俗套。所以，台面设计的基本要求，既要兼顾中外文化的传统习俗，更要追求色彩的创新和谐，展现冷餐会的主题和主人的爱好。

（3）冷餐会菜单设计。在菜单设计上适应冷餐会的要求进行了许多有益的探索。比如，首先要坚持整体性，在为主题服务的前提下，充分考虑主人、客人的餐饮习惯。同时，又要坚持菜肴的多样性，每组菜肴不要少于50种。在类别上，要中西兼顾，在烹制上要技法兼顾，在用料上要"海、陆、空"兼顾。菜单设计与台面设计要相辅相成，台面较深，主菜色彩可以从浅；台面较浅，主菜可艳丽些，冷暖搭配，深浅搭配。菜单设计要注意预制菜肴、厨房热菜和冷餐会现场操作的配合，实践证明现场操作既可增加进食气氛，也有利于提升菜肴质量。

4. 冷餐会立体及平面摆放

冷餐会的桌面菜肴摆放，大有文章可做。以往，大多是平摊着几个盒子，平排着几个保温锅。近年来，我们在菜肴平面摆放的层次感以及桌面摆放的立体性上进行了一些调整，获得了很好的效果。比如，用置放托架的方式来体现立体感，用高托架底放置水果盆的方式来反映层次感，用有机托架下放置雕刻作品的方式，既增加了菜肴的美感，又在菜肴取完后起到点缀盘子的作用。菜肴、水果、花草、雕刻、冰雕等在菜台上进行多层次置放和立体展示等。若操作得当，可以起到画龙点睛之效，使整个桌面"活起来"。

5. 冷餐会餐具及盛器

餐具及盛器从来都是餐饮文化中的重要一环，俗话说"好马配好鞍"，因此好菜也应配好盘，这一点在冷餐会上显得尤为重要。现代制造技术及文化的发展创造了无与伦比的各种新材料、新工艺、新造型、新产品，其中许多是堪与为餐饮业增辉添美的。所以应该大胆寻找和使用具有现代造型美的器皿，用于冷餐会菜肴、点心、水果等的装盘、点缀，能起到事半功倍的效果。

6. 装盆与点缀

冷餐会菜肴装盆，既要美观又要实用，既要丰富多彩又要便于取食。比如，装盆要有一定的图形，有完整的外观，给人以美感，但冷餐会自由取食的特点，又要求在装盆时必须给取食提供方便，便于快捷取食，避免客人把菜肴弄得支离破碎且又手忙脚乱，使后到的客人产生不适感。装盆的点缀，无论中菜、西菜，一般都以素菜作为烘托，不可喧宾夺主，要突出主菜本身。用作点缀的素菜，又要在品种和形式上多有变化，不要都是萝卜花、香菜叶、黄瓜环这样千篇一律。

7. 冷餐会灯光增色

局部灯光的使用是冷餐会上很重要的内容，这里主要是指直接照射菜肴的辅助光源的设计和使用。辅助光源（如射灯）照射在菜肴上，可以起到两个基本作用，即保温和增色。所谓保温，可以对热菜或点心起到防冷及增脆的作用。所谓增色，即不同光谱的灯光，可以给不同色彩的菜肴增添新的色彩，以增加美感。如果再配以一定的烟雾效果等，则更能起到增进菜肴色、香、味的作用。

8. 冷餐会调酒与饮料

相对传统的宴会，冷餐会更具轻松的特色，更具自由交流的特点。因此，在宾客享受上，酒和饮料的作用就更为重要。在高档冷餐会中，除了酒和饮料的多样性外，还可以增加调制酒，可以在现场安排调酒师来调酒，以增添喜庆气息，活跃现场气氛。

9. 冷餐会服务

冷餐会服务，较之传统宴请，更加随意和多样，更具个性化。从这个意义上说更难达到高水准。所以，要研究冷餐会，特别是大型冷餐会的规范化服务与客人的需求，研究国际上的服务经验，将其融会贯通，培养出有中国特色的服务规范和服务人才。大型冷餐会配有乐队和音乐，优美的音乐和训练有素的乐队，是表现大型冷餐会高档次的重要手段。肖邦的《玛祖卡舞曲》，舒伯特的《格里格》，古典乐曲与流行乐曲要交替进行。古典乐曲可参考李斯特的《爱之梦》、肖邦的部分简单的圆舞曲以及莫扎特的《土耳其进行曲》。乐能助酒，乐能助兴，好的音乐和乐队，更能使与会宾客流连忘返，敞开心扉，相互交流，这也是冷餐会举办的宗旨所在。

10. 保鲜

通过在之前任务中学习的保鲜知识与技能，将拼摆好的工艺冷盘花篮和单碟自行保存，并且能够说出工艺的关键和要点。

六、冷餐会自助餐台展示

冷餐会台面如图 4-1-2 所示。

图 4-1-2　冷餐会台面
（a）台面一；（b）台面二；（c）台面三；（d）台面四

冷菜菜品台面如图 4-1-3 所示。

图 4-1-3　冷菜菜品台面
（a）台面一；（b）台面二

水果及点心区如图 4-1-4 所示。

图 4-1-4　水果及点心区
（a）水果及点心区一；（b）水果及点心区二

酒水区如图 4-1-5 所示。

图 4-1-5　酒水区
（a）酒水一；（b）酒水二

七、评价参考标准

教师节冷餐会评价标准

评价内容	评价标准	配分	自评得分	互评得分
色泽	色泽艳丽，搭配合理，几何造型突出	20		
口味	口味多变且清淡	20		
质感	质感清、鲜、爽、嫩、脆	20		
装盘	装盘形态饱满，色、形、量与盛装器皿搭配协调，造型美观	20		

评价内容	评价标准	配分	自评得分	互评得分
卫生	原材料新鲜，操作工具、盛装器皿洁净卫生，操作过程严格按照"五专"的要求	20		
教师综合评价				

续表

八、检测与练习

（一）基础知识练习

1. 教师冷餐会设计是按照什么理念制作的？
2. 教师属于什么体力劳动者？
3. 如何对教师节冷菜进行营养搭配？

（二）动手操作

1. 通过网络查询教师节冷餐会菜单造型结构。
2. 自己绘制并设计两桌教师节冷餐会的菜单。

九、知识链接

鸡胗可以消食导滞，帮助消化。治食积胀满、呕吐反胃、泻痢、疳积、消渴、遗溺、牙疳口疮，以及利便、除热解烦。

海螺别名假猪螺、项头螺、海窝窝、瓷螺、海牛牛。海螺种类繁多，有香（响）螺、红螺、马蹄螺、玉螺、荣螺、长辛螺等，为骨螺科动物红螺或其他海产类的新鲜肉。以大连市金州区、长海县一带所产的香螺最为名贵。我国沿海地区均有分布，但品种各异。海螺甘，冷，入脾胃经，可泻内积之热，用治七情六欲之火，对肝经风热所致头痛目赤、视物模糊、眼生翳障等均有治疗作用，对大便秘结也有一定的功效。海螺壳烧灰酊治疗慢性骨髓炎、甲状腺癌。海螺肉内含有钙、镁、硒的成分丰富，对动脉硬化、心血管疾病有一定的防治作用。儿童、老年人常食之有一定补钙的作用。还有较多的蛋白质及氨基酸、碳水化合物，能增强人体的免疫功能。

每100克海螺鲜肉内含有水分68.8克，蛋白质70.2克，脂肪0.9克，灰分2.6克，碳水化合物7.6克，维生素A50微克，核黄素0.46毫克，钾17.9毫克，钠

219.6 毫克，钙 539 毫克，镁 191 毫克，铁 5.3 毫克，锰 0.34 毫克，锌 3.34 毫克，铜 0.05 毫克，磷 152 毫克，硒 74.78 微克，尼克酸 0.2 毫克。

海螺清胃止痛，明目退翳。主治目痛、腰痛、痔漏、细性痢疾、白带过多、咽喉炎、扁桃体炎、烫伤、烧伤、便秘、胃十二指肠溃疡、咳嗽、神经衰弱。

桂鱼又叫鳌花鱼、鳜鱼，属于分类学中的脂科鱼类。鳌花鱼是"三花五罗"中最名贵的鱼，即使在过去一般百姓也很难消费得起。鳌花鱼肉质丰厚坚实，味道鲜美，富含蛋白质，肉刺少，可补五脏、益脾胃、充气胃、疗虚损，适用于气血虚弱体质，可治虚劳体弱、肠风下血等症。鳜鱼是世界上一种名贵淡水鱼类，以肉质细嫩丰满、肥厚鲜美、内部无胆、少刺而著称，故为鱼种之上品。明代医学家李时珍将鳜鱼（鳌花鱼）誉为"水豚"，意指其味鲜美如河豚。另有人将其比成天上的龙肉，说明鳜鱼的风味的确不凡。

十、思维拓展

想一想还可以怎样设计冷餐台面（图 4-1-6）。

图 4-1-6　思维拓展示意图

（a）示意一；（b）示意二；（c）示意三；（d）示意四；（e）示意五；（f）示意六

综合实训（二） 家宴冷菜

一、任务描述

进入冷菜厨房，为一家十口人制作一桌家宴冷菜，有一道主碟花篮拼盘和八个围碟。一家十口人有老年人两个：爷爷，奶奶。中年人两个：爸爸，妈妈。青年人四个，小孩两个。冷菜厨师根据人员情况在冷菜厨房制作冷荤和冷素。现要求以小组为单位，将原料修整后，以厨房冷菜造型水准拼摆出主碟花篮和八个围碟。要求拼盘图案美观，色彩分明，形态饱满，口味多样，体现不同冷菜的风味特色。

二、学习目标

（1）通过小组合作咨询熟知冷菜拼盘的工艺冷盘和单碟的造型设计，设计不同年龄段人群的营养搭配原料采购，原料及成品加工、制作、保管的工作过程。

（2）小组合作，初步掌握工艺冷盘和单碟成品加工、菜肴制作的实践操作规范和方法及小组在厨房中的沟通协作技巧。

（3）小组合作，完成工艺冷盘花篮和单碟摆盘，掌握其方法与操作关键。

（4）小组合作，掌握工艺冷盘花篮和单碟制作的工艺流程。

（5）小组合作，根据工艺冷盘花篮和单碟拼盘制作要求，学会类似拼盘的制作方法。

三、成品质量标准

花篮成品如图 4-2-1 所示。

四、家宴冷菜成品

家宴冷菜成品如图 4-2-2 所示。

色彩鲜艳亮丽、拼摆整齐悦目、造型逼真、艺术性强、刀工精细、营养丰富。

图 4-2-1 花篮成品

图 4-2-2 家宴冷菜成品

（a）在盘内将藕片码好；（b）将白菜卷改刀后在盘内码好；（c）将猪耳卷改刀后在盘内码好；
（d）将紫菜卷改刀后在盘内码好；（e）将盐水虾在盘内码好；（f）将白萝卜卷改刀后在盘内码好；
（g）将葱油海蜇在盘内码好；（h）将青菜卷改刀后在盘内码好

五、知识与技能准备

造型设计

小组通过搜集信息，完成花篮及围碟的设计，要求符合现代厨房冷菜装盘的造型标准和卫生标准，突出体现口味多变、烹调技法丰富、食用价值高的特点。

六、工作过程

1. 选料

鸡蛋松、黄蛋糕、酱牛肉、日本大根、绿蛋糕、方火腿、鸡肉肠、紫菜卷、胡萝卜、白萝卜、橙汁藕片、白菜卷、鸡肉卷、盐水虾、白萝卜卷、葱油海蜇、青菜卷等。

2. 盛器及工具准备

由小组自行设计，以符合冷菜十人量的装盘要求为准。

片刀1把、砧板1块、水盆1个、消毒毛巾1条、餐巾纸1包、医用酒精1瓶、煸锅1个、漏勺1个、镊子1个、雕刻刀1把、方盘1个、配菜盘8个、马斗2个。（给定的工具若不够，可自行配齐）

3. 菜谱的设计

一年一次的年夜饭充分体现了家庭成员互敬互爱，是一家之主精神上的安慰，而年轻一辈也正可借机对父母的养育之恩表达感激之情，可见吃年夜饭的重要性。随着时代的变迁，年夜饭菜的做法也五花八门，但是其宗旨依然是要代表吉祥，象征着新年新气象，新的一年要万事顺利。年夜饭菜谱讲究名称吉祥如意，菜做出来要色香味俱全。

4. 年夜饭家宴的组成

一般由凉菜（开胃菜）、主菜、热菜、甜菜、面点、汤羹、水等组成。根据口味、习惯的不同，可以设计不同的菜谱。原料尽可能不重复使用，配料与香料的种类尽量准备得丰富一些，以免因为缺某一味香料而在菜品的口味上造成缺憾，菜品口味也要尽可能不同，这样才会让人感觉到整个宴席的丰盛，显示出技艺的精湛和高超。

5. 家宴菜单设计要求及不同年龄人群营养禁忌

菜肴设计不但是一门技术，也是一门艺术。在家宴中，菜肴设计得是否有特色，对家宴是否成功和受欢迎程度有着非常大的影响。家宴的菜肴设计虽不能与正规的筵宴相比，但它有着与筵宴相同的要求。

（1）根据家宴性质和人数制定菜单。家宴的形式多种多样，性质也不尽相同，如婚丧家宴和朋友间的随意小酌，就不可等同视之。通常，逢年过节和新婚喜庆的家宴，菜肴应该丰盛多样，体现一种隆重的气氛；一般亲朋好友的聚会，则可视具体情况而定，可以精心制作几道拿手好菜款待客人，显示主人的热情。菜肴还要考虑来客人数、性别、年龄、饮食习惯及爱好忌讳等情况。

（2）要体现风味特色，菜品多样化。祖国各地菜系纷呈，各具特色。主人宴请客人时，应尽量采购本地闻名遐迩的土特原料入馔，烹调出富有地方特色的菜肴，以突出宴席的风味特色。菜肴品种和烹调方法力求多样化，炸、爆、炒、炖、烩等手法应该都有，咸、甜、酸、辣的口味，红、黄、绿、白的色彩，丝、条、丁、片的形状也应配合恰当，显得菜肴丰富多彩，色、香、味俱全。

（3）讲究菜点组合，体现整体效果。家宴的菜点组合，大多包括冷菜、热菜、汤、点心、小吃5个部分，有时还可以加一些饮料、水果。冷菜又称迎宾菜、酒菜，是宾客入席后的第一道菜，多设一个总盆，4～8个单碟或4个拼盘。冷菜的色泽口味及搭配技巧对宾客的食欲、情绪影响很大，应作精心安排。菜点的色彩配合也十分重要，冷菜、热菜、汤菜在色彩组合上切忌单一，应将红、黄、绿、白等各色菜肴巧妙地搭配在一起，使整桌菜肴色彩缤纷，相映成趣。

（4）因时配菜，突出季节特点。"菜随时令"，一席菜，不同季节，对荤菜比例、热冷（凉菜）比例以及色泽、口味等，都有不同要求。通常，春夏菜口味偏于清淡，秋冬菜口味则偏于浓重。荤、素菜各有其最佳食用品尝时间，如鸭、猪、牛、羊等家禽畜均以秋天最为肥美鲜嫩。嫩豌豆尖、椿芽则以开春后最为鲜嫩。举办家宴时，应该充分利用各季节中各色鲜菜的特色，烹调出各种鲜美可口的菜肴。

（5）要了解客人忌讳，注意风俗习惯。家宴宴请和款待的都是亲朋好友，对其饮食爱好和忌讳应有所了解，应该尽量适应他们的习惯和口味。如有的人不吃鱼等腥味食物，有的人不吃芹菜、香菜、洋葱等刺激味较重的蔬菜。选购原料和配料以及烹调时都应注意。

6．冷菜卫生禁忌与营养搭配

根据任务描述给定的家宴人员的年龄情况和人数搭配出合理的冷菜营养标准。

（1）制作凉拌菜的蔬菜忌不新鲜。如果用不新鲜的蔬菜制作凉拌菜，加上清洗消毒不严格，食用这种凉拌菜会导致肠胃疾病的发生。所以，制作凉拌菜所用的蔬菜，必须选用新鲜的，制作时也必须冲洗干净，这样可以大大减少附在蔬菜上的病菌和寄生虫卵的数量。同时，用熟食做凉菜时，应重新加热蒸煮，适当加入蒜、醋、葱等配料，可以使菜肴更加美味可口。

（2）制作凉拌菜的蔬菜忌不洗净。有一些蔬菜（如黄瓜、西红柿、绿豆芽、莴笋等）在生长过程中，易受农药、寄生虫和细菌的污染，这些都是肉眼看不见的。瓜果不洗净或仅用干净的抹布擦擦是很不卫生的，制成凉拌菜后有可能造成肠道疾病。清洗的最好方法是用流动水冲洗，能去皮则去皮，然后再加工成凉拌菜，这样比较卫生。

（3）制作凉拌菜的器具忌直接使用。做凉拌菜的刀、砧板、碗、盘、抹布等，在使用之前必须清洗干净。总之，必须经过充分消毒处理后才能使用。

（4）忌在冰箱中久存凉拌菜。夏季，人们往往喜欢把凉拌菜放入冰箱中冷藏后再取出食用，甚至长时间存放在冰箱里，慢慢取食。其实，这样做极不卫生。尽管大多数病菌都是嗜盐菌，喜欢在20～30摄氏度的温热条件下生长，但有一些病菌也可在冰箱冷藏室的温度下繁殖，会引起与沙门氏菌所引起的疾病极为相似的肠道疾病，并伴有类似阑尾炎、关节炎等病的疼痛感。

凉拌菜是将初步加工和焯水处理后的原料，添加红油、酱油、蒜粒等配料制作而成的菜肴。夏季食欲不振，吃凉拌菜有利于开胃。

7. 保鲜

通过在之前任务中学习的保鲜知识与技能，将拼摆好的工艺冷盘花篮和单碟自行保存，并且能够说出工艺的关键和要点。

七、评价参考标准

家宴冷菜拼盘评价标准

评价内容	评价标准	配分	自评得分	互评得分
色泽	色泽艳丽，搭配合理，几何造型突出	20		
口味	口味多变且清淡	20		
质感	质感清、鲜、爽、嫩、脆	20		
装盘	装盘形态饱满，色、形、量与盛装器皿搭配协调，造型美观	20		
卫生	原材料新鲜，操作工具、盛装器皿洁净卫生，操作过程严格按照"五专"的要求	20		
教师综合评价				

八、检测与练习

（一）基础知识练习

1. 家宴冷菜设计是按照什么理念制作的？
2. 家宴冷菜的特点是什么？
3. 冷菜按原料可分为_____、_____。

（二）动手操作

1. 通过网络查询家宴冷菜菜单造型结构。
2. 自己绘制并设计两桌冷菜家宴的菜单。

九、知识链接

拼摆原料：

酱牛肉具有补脾胃、益气血、强筋骨、消水肿等功效。老年人将牛肉与仙人掌同食，可起到抗癌止痛、提高机体免疫功能的效果；牛肉加红枣炖服，则有助肌肉生长和促伤口愈合之功效。

海带是一种属于褐藻门布科的水生植物。比海藻阔而粗，柔韧平扁如带，长约一二尺至三四丈[①]，色褐，味腥，是昆布属的藻类，可以作为扎缚物件的带子，故名海带，又名"细昆布"。海带是一种低等植物，一株海带就是一个简单的叶状藻体，其细胞体中含叶绿素，可以通过光合作用制造营养。海带含有多种矿物质和维生素，营养价值很高，在食物中，它的含碘量最高，经常吃海带能防治缺碘性甲状腺肿，防治高血压、贫血以及骨骼脱钙和骨质疏松症。海带还具有滋润老年人皮肤的功能，日本人称它是"健身美容食品"。海带还可用于提取碘、褐藻胶和甘露醇等工业原料。

鲫鱼的生命力很强，肉质细嫩，肉味甜美，含有大量的铁、钙、磷等矿物质，其营养成分也很丰富，含蛋白质、脂肪、维生素A、B族维生素等。另外，每百克黑鲫鱼中，蛋白质含量高达20克，仅次于对虾，且易于消化吸收，经常食用能够增强抵抗力。其次，鲫鱼有健脾利湿、活血通络、和中开胃、温中下气的药用价值，对肾脾虚弱、水肿、溃疡、气管炎、哮喘、糖尿病患者有很好的滋补

[①] 1丈≈3.33米。

食疗作用；对产后妇女来说则可补虚下乳。在寒风凛凛的冬季，鲫鱼的味道尤其鲜美，所以民间有"冬鲫夏鲇"之说。

鲫鱼是饮食中常见的佳肴，有很高的营养价值，因为鲫鱼含动物蛋白和不饱和脂肪酸，常吃鲫鱼不仅能健身，还能减少肥胖，有助于降血压和降血脂，使人延年益寿。中医认为鲫鱼能补虚、温中下气、利水消肿，清烧能治胃肠道出血和呕吐反胃。外用还有解毒消炎的作用。尤其是对于治疗产后乳少更有独到之处。常吃鲫鱼能开胃健脾、调营生津，这样不仅补充了生成浮汁的营养蛋白，而且脾健则能使乳汁分泌，因此吃鲫鱼对乳汁少、乳泌不畅的产妇确有增加乳汁分泌的效果。

金钱肚酥而不烂，有弹性。金钱肚又称蜂窝肚，是牛的四个胃之一。肚肉酥烂又有弹性，口味醇香微甜，具有补益脾胃、解毒、养颜之功效。卤制金钱肚最重要的是去腥和入味，并要保持原料本身的韧劲，方为上品。很多人忽视清洗原料的重要性，其实加少量面粉搓洗是一个好方法。

十、思维拓展

想一想还可以怎样设计冷菜家宴（图 4-2-3）。

图 4-2-3 思维拓展示意图

（a）示意一；（b）示意二；（c）示意三；（d）示意四